沙地云杉林
土壤肥力研究

SHADI YUNSHANLIN TURANG FEILI YANJIU

刘云超 著

内蒙古科学技术出版社

图书在版编目（CIP）数据

沙地云杉林土壤肥力研究 / 刘云超著. — 赤峰：内蒙古科学技术出版社，2023.8

ISBN 978-7-5380-3609-1

Ⅰ.①沙… Ⅱ.①刘… Ⅲ.①云杉属-土壤肥力-研究 Ⅳ.①S158

中国国家版本馆CIP数据核字（2023）第146738号

沙地云杉林土壤肥力研究

作　　者：刘云超
责任编辑：张文娟
封面设计：王　洁
出版发行：内蒙古科学技术出版社
地　　址：赤峰市红山区哈达街南一段4号
网　　址：www.nm-kj.cn
邮购电话：0476-5888970
排　　版：赤峰市阿金奈图文制作有限责任公司
印　　刷：内蒙古达尔恒教育出版发展有限责任公司
字　　数：167千
开　　本：787mm × 1092mm　1/16
印　　张：7.75
版　　次：2023年8月第1版
印　　次：2023年8月第1次印刷
书　　号：ISBN 978-7-5380-3609-1
定　　价：55.00元

序

沙地云杉(*Picea mongolica* W.D.Xu)作为我国稀有珍贵树种,主要分布于浑善达克沙地东部边缘,是蒙古高原唯一残存的暗针叶林,对于揭示浑善达克沙地区系地理成分、物种起源、环境演变等方面,具有重要的科研价值,素有"植物界的大熊猫"美誉;同时,沙地云杉属松科云杉属常绿乔木,是半干旱草原地区特有的森林类型,耐沙土,耐干旱,耐冰挂,适合干旱环境和沙质土壤,是我国沙地造林的首选树种之一。但由于气候条件、病虫害和土壤养分等限制性因子的影响,沙地云杉种群正在逐渐退化乃至消亡。

国家为了有效地保护沙地云杉,造福于生态环境,在浑善达克沙地的白音敖包成立国家级自然保护区,使得沙地云杉得到有效的保护。与此同时,许多学者对沙地云杉的起源、地理分布、生长发育规律及土壤养分等方面开展了研究。以往的研究发现,林地内凋落物的分解可对土壤养分产生显著的影响;但具体于沙地云杉而言,其凋落物分解及其对土壤养分产生的影响,不同林龄沙地云杉林凋落物分解对土壤养分含量的提高效果,一直没有清晰的结论。

基于此,刘云超开展了沙地云杉凋落物在不同林龄林分中分解及其对土壤养分的影响之探究。具体通过对不同林龄沙地云杉林土壤进行凋落物处理,测定凋落物的分解动态和不同深度土壤养分变化,探究林龄对凋落物分解和土壤养分组成的影响;对不同林龄沙地云杉林凋落物分解和养分组成动态及其影响机制,凋落物处理时间、林龄和土壤深度对沙地云杉林土壤养分含量的影响,以及凋落物特征和环境因子对土壤养分含量的影响进行研究。

经研究,刘云超发现凋落物处理时间、沙地云杉的林龄、土壤温度和土壤湿度均对凋落物的分解有显著的影响;凋落物处理时间、沙地云杉的林龄均对凋落物的元素组成有显著影响,但土壤温度和湿度对凋落物的元素组成无显著影响;不同林龄沙地云杉林凋落物的生态化学计量特征差异是导致不同林龄沙地云杉林凋落物分解特征产生差异的主要原因之一;不同凋落物处理时间、不同沙地云杉林林龄和不同土层深度下的土壤养分含量存在显著的差异,三者对土壤养分含量有显著的影响;凋落物处理时间、沙地云杉林的林龄和土壤深度对土壤生态化学计量特征有显著的影响;土壤 pH、土壤温度和土壤湿度均对土壤养分含量有显著的影响;凋落物 C 和 K 含量以及凋落物 C/N 和 C/P 与土壤各养分含量呈显著负相关,而凋落物 N、P 和分解速率与土壤养分含量呈显著正相关。

刘云超对沙地云杉林森林养分循环及环境因子对沙地云杉的影响等关系进行的研究，为保护区生物多样性的保护与可持续利用，为当地对沙地云杉林的保护和森林植被的更新、修复和经营管理，在前人的研究成果上，又增添了新的理论依据和技术支撑。

经过近10个寒暑的努力，刘云超将自己的研究成果总结成书，作为刘云超的导师，由衷地为他的《沙地云杉林土壤肥力研究》即将面世感到高兴，祝愿他在今后的治学道路上，取得更大的成绩！

2023年8月17日于哈尔滨

前　言

土地荒漠化是当前全球最严重的环境问题之一，而我国又是这一问题比较严重的国家之一。解决这一重大环境问题的最有效途径之一，就是营造防风固沙林和防护林，而营造防风固沙林和防护林成败的关键在于树种的选择。松科云杉属常绿乔木沙地云杉，为半干旱草原地区特有的森林类型，它耐沙土，耐干旱，耐冰挂，适合干旱环境和沙质土壤，堪称我国沙地造林的首选树种之一。但是，由于受气候条件、病虫害和土壤养分等限制性因子的影响，沙地云杉正在逐渐退化并趋于消亡。

基于此，我国在浑善达克沙地成立白音敖包云杉林自然保护区，开展沙地云杉林保护工作；与此同时，科研工作者开展了对沙地云杉的研究。对沙地云杉开展研究，不仅有着现实意义，同时，沙地云杉作为我国稀有树种，主要分布在浑善达克沙地，是蒙古高原唯一残存的暗针叶林，素有“植物界的大熊猫”之美誉，研究沙地云杉，对于揭示浑善达克沙地地理成分、物种起源、环境演变等理论研究方面，有着同样的意义。

研究沙地云杉涉及多门科学，作为一名科研工作者，我从哪里入手研究呢？我硕士攻读的是土壤学，博士攻读的是森林培育学。在二者的结合处，我开始了沙地云杉的研究。具体地说，我开展的是沙地云杉林凋落物在不同林龄林中的分解及其对土壤养分的影响之研究方面，我的博士论文便是《不同林龄沙地云杉林凋落物分解及土壤养分动态》。

博士学业结束后，我继续这方面的研究，前后经过近十个寒暑的努力，我将研究成果总结成书，这就是《沙地云杉林土壤肥力研究》。

作为一项科研成果，作为一部论著，它的最终完成和面世，还有许许多多的人付出了辛勤的汗水。

本书获得了赤峰学院学术专著出版基金的资助，在此，真诚感谢赤峰学院领导及学术委员会委员。

在研究过程中，得到了内蒙古白音敖包国家级自然保护区白永安科长和贺西格等同志们对我在野外取样方面的大力帮助和支持；赤峰学院李晓兰博士、温慧敏实验员在室内实验上提供了非常有价值的帮助与指点；王一超在数据处理等方面做了很多的工作；本书撰写期间，研究生马琳、杨凤、张婧悦、王李宁、耿子雯分别对第1章至第5章的数据和参考文献进行了整理，温慧敏参与了本书第1章至第2章的撰写，李秀娟参与了第3章至第5章的撰写；编辑、作家王国元对本书进行了认真校对；我的导师东北林业大学教授、博士生导师陈立新教授为本书作序。在此一并表示感谢。

限于学力，对沙地云杉林凋落物在不同林龄林中的分解及其对土壤养分的影响，我研究得还远远不够，肯定存在不当之处，敬请读者批评指正，以便于我今后在沙地云杉林森林养分环境及环境因子对沙地云杉的影响等方面继续深入研究，从而为保护区生物多样性的保护与可持续发展，为当地沙地云杉林的保护和森林植被的更新、恢复和经营管理，增添更新的理论依据和技术支撑。

刘云超

2023年6月30日

目　录

第1章　绪论

1.1　课题背景

荒漠化是当前全球最严重的环境问题之一，而我国又是世界上土地荒漠化比较严重的国家之一。据《第四次中国荒漠化和沙化状况公报》（2017）发布的数据显示，截至2009年底，全国荒漠化土地总面积2623700km^2，占国土总面积的27.33%。荒漠化为人类的生产和生活带来了不利影响，会造成并加剧如贫困、危及粮食安全、健康状况恶化、水资源匮乏、生物多样性丧失、抵御气候变化能力降低，以及被迫移徙等环境、经济和社会问题，对农村人口和地方社区居民的影响尤为显著。我国每年由于荒漠化而造成的直接经济损失就达到540亿元[1]。解决荒漠化这种重大环境问题的最有效途径之一，就是营造防风固沙林和防护林，但营造防风固沙林和防护林成败的关键是树种的选择。

沙地云杉（*Picea mongolica* W.D.Xu）作为我国稀有树种，主要分布于浑善达克沙地东部边缘，是赤峰市、锡林浩特市特有的乡土树种之一。属松科云杉属常绿乔木，也是半干旱草原地区特有的森林类型，它耐沙土，耐干旱，耐冰挂，适合干旱环境和沙质土壤，是我国沙地上造林的首选树种之一。近几十年来，沙地云杉在辽宁章古台地区、河西地区、呼伦贝尔沙地进行了引种试验，并取得了较好的效果（王炜等，2000；Zou，et al.，2000；姜联合，2001）。但由于近几十年来，对沙地云杉林原始森林更新、森林养分循环及环境因子对沙地云杉林的影响等规律认识不足，导致经营管理相对落后，负面人为干扰加剧。加上近年来赤峰地区气候条件变化，致使沙地云杉林退化十分严重，沙地云杉林资源日渐枯竭、分布面积越来越小等一系列问题越来越受到国内外学者的关注。因此，研究沙地云杉林不同林龄土壤养分循环及环境因子（温度、湿度）对沙地云杉林的影响等，从而建立合理的调控和预测模型，可以为保护地区生物多样性和可持续发展，为沙地云杉林的保护和森林植被的更新、修复、还原和经营管理提供理论依据和技术支撑。

1.2 国内外研究现状及发展趋势

1.2.1 沙地云杉研究现状

沙地云杉是我国特有的针叶林树种，其主要分布区位于华北山地和大兴安岭山地向内蒙古高原的过渡地带，主要分布于浑善达克沙地东部边缘，是赤峰市、锡林浩特市特有的乡土树种之一，也是我国沙地上造林的首选树种之一。沙地云杉林集中分布在白音敖包沙地（43° 30′ ~43° 36′ N，117° 03′ ~117° 16′ E）的阴坡和阳坡上，面积约为1947 hm^2。该地区为温带草原气候，年均气温-1.4 ℃，年均降雨量448.9 mm，土壤为灰色森林土，沙层厚度10~100 cm（徐文铎等，1998；罗菊春，2002）。目前已发表的相关文献显示，我国沙地云杉的研究起步较晚，新中国成立前关于沙地云杉的研究和报道很少，陈炳浩等（1980）对沙地云杉生物量、生产力等的研究开启了沙地云杉林研究的序幕。

20世纪80—90年代，国内外学者（主要是国内学者）对沙地云杉的研究较多。研究内容主要集中在以下方面：沙地云杉生长环境（郑元润等，1996；徐文铎等，1993）、沙地云杉种群结构与动态的研究（徐文铎等，1993a，b）、沙地云杉稳定性研究（郑元润等，1996）、沙地云杉种群调节研究（郑元润等，1997）、沙地云杉增长预测模型研究（郑元润等，1997）、沙地云杉分布格局研究（邹春静等，1998；郑元润，1997）、沙地云杉种内种间关系研究（邹春静等，1998）、沙地云杉种群种子雨的时空分布规律研究（邹春静等，1998）等。近20年来，学者在沙地云杉造林技术、育苗、引种方面进行了研究。发现地面温度、地面最高温度、15 cm土壤温度是影响地径的主要因子；地面温度、地面最高温度、20 cm土壤温度等是影响苗木生长的主要因子（黄三祥等，2003；周措尤，2018），在持续光照、持续黑暗和16 h光照/8 h黑暗时，种子萌发最适宜温度分别为15 ℃、20 ℃和30 ℃，最适宜土壤含水量为15%（林涛，2005）。研究发现，15~30 ℃范围内沙地云杉有较高的发芽率，20~25 ℃沙地云杉发芽出苗最适沙埋深度为0.5 cm（朱国庆等，2011；李银科等，2011；刘有军等，2018、2019）。在林隙间、树冠下及深坑蔽荫处，采用座水覆膜、容器苗栽植等措施，利用机械开沟整地方式，造林成活率、保存率，幼树生长量均提高（包兴华等，2007）。适合沙地云杉引种的范围很广，如章古台地区（曹文生，2005）、河西地区（宋德伟等，2018；李银科等，2017）、沙珠玉地区（范文秀等，2017）、嫩江平原区（杨晓光，2008）、呼伦贝尔市半固定沙地和流动沙地（常艳等，2015）及黑龙江省沙区（郭承亮，2004）引种是可行的。

郭小兵等（2009）、娄迎春等（2009）、白玉娥等（2015）研究了沙地云杉遗传物质的变化特征，确定了沙地云杉胚性愈伤组织诱导的最适培养基和最佳激素组合。任燕等（2018）、爱华等（2019）则对沙地云杉内生真菌多样性、种群分布、真菌拮抗菌株的筛选及鉴定进行了研究。为了鉴定沙地云杉、白杆和红皮云杉的亲缘关系，分别采用不同分子鉴定技术对沙地云杉、白杆和红皮云杉亲缘关系进行鉴定，并得出了沙地云杉与白杆的亲缘关系较近，与红皮云杉较远的结论（李春红等，2008；蔡萍等，2009a，b；郑舒文等，2014、2018；白玉娥等，2016；段国珍等，2018）。邹春静等（2003、2007）、Zou等（2005）、李苗苗等（2013）对沙地云杉干旱胁迫的机理、抗旱性生理指标、生理生态响应等进行了研究，认为干旱胁迫明显抑制了沙地云杉幼苗高生长，并对其光合、叶绿素荧光参数等指标产生了明显影响。因为沙地云杉具有独特的生理特征，才能够适应沙地的特殊环境（Zou，et al.，2001；邹春静等，2005、2006；Liu，et al.，2001；Shi，et al.，2010；李小燕等，2014；王逸然等，2016；师生波等，2017；王飞等，2017）。另外，在沙地云杉种群动态（邹春静，2001）、构件动态与结构（邹春静等，2001；Zou，et al.，2001）等方面也进行了更加深入的研究。

1.2.2　森林凋落物分解研究现状

植被和土壤是相互影响、相互作用的，是森林生态系统的重要组成部分（何宗明等，2003；陈小红等，2007），土壤不仅为植物提供必需的水、肥、气、热等生活条件，更是生态系统物质循环和能量流动的主要场所（郭艳娜等，2004）。前人研究表明，土壤理化性质受气候、地形、林分结构等因素的影响（Davidson，et al.，2006；Sheikh，et al.，2009），而土壤养分含量变化的一个重要影响因素是林地凋落叶的输入（杨承栋，2008；王清奎等，2007），不同的林分结构，通过对冠层结构、凋落物输入质量、凋落物分解速率，以及微生物群落结构进行影响，进而对土壤理化性质的空间分布产生强烈的影响（Xia，et al.，2015）。因此，对于一些相对简单的森林生态系统，凋落物（主要是凋落叶）输入在维持其生态系统"自肥"机制、系统结构与功能方面具有更加重要的作用（刘庆等，2002；杨万勤等，2007）。凋落物分解对促进森林生态系统正常的物质循环、能量流动和养分平衡方面起着重要的作用（Gartner，et al.，2004）。凋落物被分解转变成森林生态系统土壤养分的过程越强烈，对改善林地土壤状况的影响就越明显，能不断有效改善土壤的物理结构，土壤有效养分不断得到补充，从而保证森林生产力的稳定（郭鸿蓉等，2021）。因此，研究森林生态系统的凋落物分解过程及其对土壤理化性质的影响，有助于更加清晰地理解林地养分循环过程。

1.2.2.1　环境因子对森林凋落物分解的影响

枯枝落叶的化学成分、气候、养分可获性、土壤生物群落和特定位置等是影响森林凋落物分解率的因素（Berg，et al. 2014）。这些因素中，如养分可获性、植物和分解者群落等很多因素会受到气候变化的影响（宋飘等，2014）。

研究认为，在区域尺度上气候因素对植物凋落物分解起着决定性的影响（刘霞等，2018）。研究表明，气候变暖一般会加速植物凋落物分解速率（Berg，et al.，1993；Aerts，et al.，

1997; Meentemeyer, et al., 2015)。Dang 等(2009)、Aerts 等(2012)、Zhang 等(2017)、刘霞等(2018)通过分解试验表明,控制森林凋落物分解速率的最重要因子是年平均气温,气温升高,植物凋落物分解率增加4%~7%。黄锦学等(2010)通过模型研究认为,气温升高10℃,我国凋落物的分解速率将增加1.768倍。徐振锋等(2009)研究陆地生态系统凋落物分解对全球气候变暖的响应发现,在理想的水分条件下,温度升高往往能加快凋落物的分解速率。Liu等(2017)研究表明,各影响因素控制亚热带森林凋落物分解的顺序依次为:土壤温度>植物凋落物质量>土壤水分>植物凋落物的森林类型,气候变暖能够促进植物凋落物分解。Vitousek等(1994)认为,低纬度和低海拔地区,受高温、高湿作用,土壤微生物活性普遍较高,凋落物的分解速率较快。王亚军等(2017)发现,植物-土壤-凋落物-土壤微生物量(C、N、P)随着生长季温度的升高而降低,随着年降水量的增加而升高。当然,研究中也有相反的结果。Christiansen等(2017)在亚北极进行增温实验时就发现,夏季变暖增强,干旱位置和湿润位置的植物凋落物分解速率呈下降趋势,分别达到32%和17%。

水分因素对植物凋落物分解有着决定性的影响。王亚军等(2017)发现,植物-土壤-凋落物-土壤微生物量(C、N、P)随着年降水量的增加而升高。张保刚等(2014)、孙晓辉等(2015)研究胡桃楸天然次生林凋落物分解时发现,降水量是影响凋落物分解的主导因子。罗永清等(2017)水热因子是影响根分解的关键。在干旱和半干旱地区,水是凋落物分解的限制因子(Couteaux, et al., 1995; Aerts, et al., 2006),即使是在水分充足的地区,季节性缺水也会影响凋落物的分解(Zhang, et al., 2008)。陈婷等(2016)、刘霞等(2018)认为,降水对凋落物分解速率作用是很微弱的,可能一方面由于降水和温度、海拔有很强的相关性,降水对凋落物分解速率影响被其他因子替代;另一方面,水分在枯落物的分解过程中主要对淋溶和微生物降解过程产生(陈婷等, 2016)。水分不足和持续高水分都会限制微生物的活动(Willcock, et al., 2000)。因此,降水在凋落物分解的影响上,并非简单的线性关系。这样的结果也反映了气候在大尺度上对凋落物分解的决定作用,而温度是直接的影响因子(刘霞等, 2018)。

除气候因素外,纬度、经度和海拔等地理因素可以通过改变温度、降水量、落物质量等环境因子分布,间接地影响凋落物分解速率。唐仕姗等(2014)、刘霞等(2018)认为,不同的气候带中,森林凋落物分解具有显著的差异性,凋落物的分解速率由快到慢为热带、亚热带、温带。唐仕姗等(2014)发现,我国从华南到东北的森林生态系统更替规律为:热带雨林、亚热带常绿阔叶林和温带针阔混交林。通过大量文献资料分析发现,赤道到斯堪的纳维亚半岛上,欧亚大陆森林22种针叶与83种阔叶的植物凋落物分解数据表明年平均气温、年平均降水和植物凋落物氮含量对植物凋落物分解均有显著影响(Liu, et al., 2017; Kang, et al., 2009)。与刘霞(2018)等基于最优线性混合模型对中国森林凋落物分解速率的空间格局及主控因子研究相同。海拔对森林凋落物分解的影响主要是通过改变水热条件差异和土壤肥力等因素来实现（王意锟等，2012）。刘强等（2004）热带尖峰岭和亚热带鼎湖山植物凋落物的研究以及Vitousek等（1994）在太平洋热带岛屿的研究表明，气温随海拔升高而降低，森林凋落物的分解速率随海拔呈指数降低。凌华等（2009）研究我国不同林区凋落物量时也得出类似的结论。王鑫等（2019）研究表明，针叶林凋落物N含量、P含量、C∶N、C∶P、N∶P均与海拔呈线性关系，且各影响因子（海拔、纬度、坡度等）与养分含量之间存在显著相关性。

1.2.2.2　森林凋落物自身物理化学特性对分解速率的影响

在大尺度范围上，影响凋落物分解的主要因素是气候，凋落物质量只是在小的尺度上影响凋落物分解（Aerts, et al., 1997）。除环境变量外，凋落物自身的分解特性即凋落物质量也是影响其分解速率的一个重要因素（Köchy, et al., 1997）。凋落物基质质量与其分解速率密切相关，N、K质量分数，w（C）/w（N）和w（木质素）/w（N）等指标与凋落物分解速率有较大相关性的结果（Moore, et al., 1999; Peng, et al., 2002; Berg, et al., 2003; 卜涛等，2013）。Aerts等（1997）、彭少麟等（2002）、林波等（2004）、Keuskampa等（2015）、肖文娅等（2016）、刘霞等（2018）国内外学者研究认为，分解速率随w（C）/w（N）、w（木质素）/w（N）、w（C）/w（P）的增加而减小。这些指标可以作为研究森林凋落物分解中的基质指标。唐仕姗等（2014）研究认为，凋落物分解速率与初始N浓度呈显著正相关，而初始P浓度与分解速率的关系不显著，但随P浓度的增加而呈增加的趋势。张保刚等（2014）、孙晓辉（2015）研究胡桃楸天然次生林凋落物时发现，凋落叶中的C/N越低，N元素含量越高，凋落物分解得越快。Xu等（2005）、Polyakova等（2007）、王意锟等（2012）研究表明，在一般情况下，在凋落物分解开始时，高浓度N和P有利于凋落物分解，原因可能是因为N和P是微生物生长繁殖必不可少的营养元素，微生物需要从外界获得N和P来维持自身分解的需要，N和P浓度越高，微生物的代谢活性越强，繁殖越快，凋落物的分解速率越快。Vitousek等（1994）、Berg等（1996）认为，森林凋落物分解后期，凋落物N浓度与木质素质量损失率及凋落物质量损失率之间的关系为负相关。N可能会与木质素及其降解产物形成难分解的复合物，分解较慢。Xu等（2005）研究结果与之相似。Kemp等（1994）、唐仕姗等（2014）、刘霞等（2018）学者认为，凋落物中的N浓度能显著地影响凋落物分解速率，在亚热带地区，P质量分数与分解速率无显著相关性，不是凋落物分解的限制因素。Moretto等（2001）、Liu等（2006）发现P浓度在P限制的地区也会影响凋落物的分解。张雨雪等（2019）则发现，秋茄（Kandelia obovata）凋落物分解速率与TP呈显著正相关（$P<0.01$）。

Xu等（2005）认为，凋落物中难分解物质的主要成分是木质素，其结构的复杂性控制了凋落物分解的速率。Prescott等（2005）认为木质素与N的比通常是影响凋落物分解的常用指标。Tripathi等（1992）、Berg等（1997）、Cusack等（2009）早期的研究者认为，N和木质素结合能预测长期的凋落物分解过程，在分解前期主要是由N制约凋落物分解速率，后期则由木质素含量或木质素与N的比制约分解速率。Cusack等（2009）研究表明，凋落物具有较低木质素与N比，分解速率往往快，而分解慢的凋落物则相反。唐仕姗等（2014）研究结果认为，木质素浓度、木质素与N比与凋落物分解速率呈极显著负相关（$P<0.001$），而与C、N比关系不显著（$P>0.05$）。岳楷等（2016）研究了岷江上游高寒森林康定柳、高山杜鹃、方枝柏和四川红杉4种典型且初始质量差异显著的凋落叶分解过程中，木质素残留质量和浓度（质量百分率）的动态变化特征，发现不同物种之间存在显著（$P<0.05$）的差异，在凋落叶分解的初期木质素有明显的降解。王文君等（2013）也有相似研究结果。当然，也有部分研究结果与之相反，Zhang等（2008）和黄锦学等（2010）认为C与N比对凋落物分解速率影响不显著，其原因可能是在大尺度范围内，单个质量因素对凋落物分解不明显，或者是存在其他因素更显著地影响凋落物分解。

张德强等（1998）、Angelis等（2000）、唐仕姗等（2014）研究结果认为，凋落物分解速率与K浓度呈显著正相关，K与凋落物质量的其他因素共同作用于凋落物的分解。这与李荣华等（2011）研究结果相似。赵畅等（2018）的研究结果与上不一致，即TK含量随分解加剧而逐渐降低，这可能是因为存在其他因素（环境条件、生物条件等）的影响而导致研究结果不同。以上说明凋落物的养分含量可能对凋落物分解有一定的影响，但我国研究者目前对K浓度与凋落物分解之间的关系研究还不多，且仅仅停留在对养分的释放研究方面，在今后研究中应加强。

Don等（2005）、刘霞等（2018）认为，在全国尺度上，天然林和人工林分解速率之间无显著的差异。但唐仕姗等（2014）、刘霞等（2018）发现，常绿树种的凋落叶分解速率稍大于落叶树种。这与黄锦学等（2010）的结论不一致。黄锦学等（2010）研究认为，在温带地区，常绿树种叶片需要越冬，导致叶片中难分解物质（诸如木质素、丹宁等）含量增加，分解速率慢于落叶树种。在亚热带地区，常绿树种和落叶树种的叶分解速率没有明显差异，主要原因可能是该地区冬季没有明显的低温，常绿树种不需要增加越冬策略而导致的。

凌华等（2009）的研究认为，在全国尺度上，树种组成对凋落量有显著影响，表现为：阔叶树＞针阔混交＞针叶树。唐仕姗等（2014）发现树种组成对凋落叶分解速率有一定的影响，阔叶树种的平均分解速率值是针叶树种平均分解速率值的1.67倍。Dai等（2001）、Don等（2005）、游巍斌等（2010）、刘霞等（2018）认为出现这种状况的可能原因是，针叶林的C/N、木质素/N、萜类物质和酚类物质等含量较高，阻碍了土壤生物群落的生长和繁衍，导致其分解速率较阔叶林慢。廖利平等（2000）、李雪峰等（2006）、袁亚玲等（2018）前人研究结果表明，针阔混交林与针叶林无显著差异，原因可能是当阔叶与针叶凋落物混合分解时，针叶凋落物对阔叶凋落物的分解产生了阻滞作用，当针叶与阔叶的组成比例合适，才能具有较快的养分归还能力。

郭培培等（2009）认为马尾松（Pinus massoniana）、杉木（Cunninghamia lanceolata）和水杉（Metasequoia glyptostroboides）等针叶树种叶片因为是厚革质，往往具有较发达的角质层，含有较多的木质素、纤维素、单宁等物质，微生物受到这些物质阻碍，影响了凋落物的分解，淋溶作用和土壤动物的机械破坏也受到影响。但在阔叶树种凋落物中则相反，木质素、纤维素含量相对较低，且阔叶树凋落物比表面积与针叶落叶相比更大，有利于微生物定居其上进行分解，因此阔叶树种分解速率比针叶树种分解速率高，王希华等（2004）、刘颖等（2009）也有相似结论。潘嘉雯等（2020）研究发现，马尾松纯林凋落物TN、TP和C/N高于马尾松-黧蒴混交林，TK含量低于混交林，纯林的有机碳和C/N高表明了其凋落物分解较混交林慢，养分释放速率慢，影响了土壤养分含量，这也解释了纯林中土壤养分低于混交林的现象。相同林型下，不同分解层凋落物TOC含量有显著差异（$P<0.05$），均表现为未分解层>半分解层>腐殖质层。

1.2.3　环境因素对森林土壤养分变化影响研究现状

前人研究结果表明，森林土壤养分状况受到植被、土层深度、土壤类型、气候以及土壤微生物和酶活性等众多环境因素综合作用，但在特定区域，其中一种或几种因素起主导作用（王琳等，2004；侯芸芸等，2012）。

1.2.3.1　植被因素对森林土壤养分变化影响

森林类型与土壤养分间存在显著相关性，森林类型不同，土壤养分间具有显著差异（侯芸芸等，2012；张继平等，2014）。如果阔叶树种越多，混交程度越大，那么有机质含量越高（Ganuza, et al., 2003; Mueller, et al., 2016）。土壤养分含量在中山湿性常绿阔叶林明显高于季风常绿阔叶林；4种森林土壤的肥力水平大小依次是：常绿落叶阔叶混交林>山顶苔藓矮林>中山湿性常绿阔叶林>温凉性针叶林（何蓉等，2004，2007）。由于森林土壤的养分状况是多种因素综合作用的结果，所以不同土壤养分指标在不同林分间的差异性有所不同。王燕等（2010）研究发现，江西大岗山常绿阔叶林不同林分间土壤TP和速效K含量差异较大，土壤TOC、TN、TK和有效P含量无明显差异。刘旭军等（2019）研究表明，不同的森林类型中，阔叶林特别是落叶阔叶林土壤有效P含量最高，含量最低的是针叶林，在不同森林类型中土壤TP含量差异不大。单一树种长期种植对土壤的危害要比不同树种的混交林严重，这种现象和树种的组成有关系（Mueller, et al., 2016）。但郝玉琢等（2018）研究发现，水曲柳纯林与混交林间土壤C、N、P、K质量分数及其生态化学计量比规律并不相同，尚不能完全说明在改变土壤肥力的功能方面混交林强于纯林。

前人将天然林（包括竹林）、混交林及人工纯林土壤养分做了比较分析，结果表明在改良土壤养分方面，天然林和混交林比人工针叶纯林优势更明显，更有利于土壤营养状况的改良。而且在防止土地生产力衰退，保水、保肥等方面作用更好（夏汉平等，1997；蒋文伟等，2004；樊后保等，2006；林培松等，2009；王忠诚等，2012；樊星火等，2018）。由于天然林中大量的凋落物最终回归地表，在0~20 cm近地层土壤养分含量显著高于人工林（张彪等，2010）。

1.2.3.2 土层深度对森林土壤养分变化影响

森林土壤养分含量在不同土层中差异显著（张振明等，2011；王忠诚等，2012；张晓琳等，2014）。一定深度内，土壤TOC、N、P和速效K含量随着土壤深度的增加逐渐降低（黄承标等，2009；杨克风等，2010；车宗玺，2014；樊星火等，2018）；不同土层间土壤TK变化规律不明显（吴鹏等，2016；魏新等，2014）。

有研究表明，同一土壤剖面内，表层土壤养分含量明显高于中、下层，而土壤养分含量在中层和下层之间差异不大（夏汉平等，1997）。土壤有机质、TP、TN和速效养分等各种指标均表现为A层（0~10 cm）>B层（10~30 cm）>C层（30~60 cm），并且AB层和AC层差异显著（樊星火等，2018）。在北京天然油松林中，中坡位表层（0~20 cm）土速效K含量最低，中下层（20~60 cm）土速效K含量最高（高培鑫等，2014）。鼎湖山上，随着森林马尾松林–混交林–季风林的演替，土壤无机N在0~10 cm、10~20 cm、20~40 cm、40~60 cm 4个土层中逐渐积累，土壤有效P只在0~10 cm、10~20 cm 2个土层呈积累趋势（黄文娟等，2009）。在针阔混交林和半落叶阔叶林，土壤TK含量随土层加深而增大，毛竹林则随土层加深明显降低（王燕等，2010）。

1.2.4 酶活性与土壤关系研究现状

土壤酶活性是影响凋落物分解、凋落物化学组成变化、土壤养分变化的重要因素之一。磷酸酶由细菌、真菌和植物根产生，其作用主要是通过将复杂的、非有效态的有机形式的P转化为可吸收的磷酸盐，从而将磷酸基从基质中分离出来，提高P元素的有效性，促进吸收（Margalef, et al., 2017）。自然界中土壤磷酸酶存在较大的时空异质性（Spohn, et al., 2013），这种差异通常是由气候和土壤等环境因素导致的，如Sardans等人的研究表明，在地中海地区，土壤水分有效性降低21%会导致磷酸酶活性降低31%~40%（Sardans, et al., 2004）；Marklein等人和Allison等人的研究表明，土壤N、P含量和N/P对磷酸酶活性有显著的影响（Marklein, et al., 2012; Allison, et al., 2005）；钟传青等（2005）人的研究则发现，土壤处于贫磷情况下，磷酸酶活性会发生显著的提升；此外土壤深度也会显著影响磷酸酶的活性，随着土层的加深，磷酸酶呈显著下降的趋势（耿玉清等，2008）；土壤pH与磷酸酶活性呈显著负相关，土壤N肥施入对磷酸酶活性的影响可能是通过N肥引起土壤pH的变化实现的（田沐雨等，2020）。蔗糖酶在微生物的生命活动中扮演一个十分重要的角色，其主要作用为通过降解小分子糖类化合物为微生物提供能量（Chen, et al., 2017）。关于蔗糖酶活性影响因素的研究有很多，如陈艳鑫等人及万忠梅等人的研究表明，土壤水条件是蔗糖酶活性的一个重要影响因素（陈艳鑫等，2019；万忠梅等，2008）；江孟孟等人的研究则发现，施入N肥可显著提高土壤蔗糖酶活性，即土壤N元素的形态与含量也会显著影响土壤蔗糖酶活性（江孟孟等，2021）；李春喜等人的研究则表明，土壤温度对蔗糖酶活性有显著的影响，土壤温度降低，蔗糖酶活性也会随之降低（李春喜等，2012）。植酸酶（肌醇六磷酸酶）广泛分布于真菌、细菌和植物中（植物主要存在于萌发中的种子中），其作用主要是参与肌醇的去磷酸化，即释放肌醇上的磷酸基，使其变为游离态，以便于吸收（Higgins, et al., 2015）。Higgins等人研究表明植酸酶活性很大程度上受到土壤pH的影响（Higgins, et al., 2015）；Yokoyama等人则发现，土壤中的P元素限制了植物生长的情况下，植物会提高植酸酶活性以获得更多的P元素（Yokoyama, et al., 2017）；此外，土壤微生物也是影响土壤植酸酶活性的重要因素之一（Eida, et al., 2013）。脲酶活性通常可以反映对N元素的矿化能力，其主要作用是水解尿素，以及将部分含N有机物转化为铵盐，可以有效提高土壤中N元素的有效性（Sardans, et al., 2007）。Gong等人的研究发现，温度提升可以通过提高微生物活性进而提高土壤脲酶活性（Gong, et al., 2015），且还有研究发现温度对不同群落土壤脲酶活性的影响不同（Bai, et al., 2018）。环境因子对土壤酶活性的影响往往是综合性的，如孙瑞莲等人的研究发现，在土壤中施肥可以显著提高土壤磷酸酶、蔗糖酶和脲酶的活性（孙瑞莲，2008）；黄智鸿（2016）等人的研究结果与之不同，其研究结果表明，土壤N、P元素的增加会提高蔗糖酶和脲酶活性，而增施有机肥则会降低土壤蔗糖酶和脲酶的活性；魏猛（2010）等发现提高土壤有机质含量可以显著提高土壤磷酸酶、蔗糖酶和脲酶活性；赵静（2011）等发现土壤速效P、有效锌和温度对蔗糖酶影响显著，磷酸酶活性与土壤有机质、速效P、有效锌和盐分显著相关，而脲酶主要受到有机质、土壤水分含量和盐分含量的影响；不同植被类型下土壤磷酸酶和脲酶的活性也不同（耿玉清等，2006）；高秀君（2008）等人发现，秸秆还田处理可以显著提高土壤磷酸酶、蔗糖酶和脲酶活性，且在处理时间不同的情况下酶活性会发生显著的变化。

四种酶活性在气候条件、土壤条件或植被组成发生变化时通常也会随之发生变化，除此之外，有大量的研究表明各种酶对土壤养分含量有显著的影响，如马宁宁等的研究表明，磷酸酶可促进土壤有机质、TP和速效K的积累（马宁宁等，2010）；徐国伟等人的研究则发现，随着土壤中脲酶、过氧化氢酶和磷酸酶活性的提升，土壤TP、速效K含量显著上升（徐国伟等，2009）；邱现奎（2010）等人的研究结果表明，土壤脲酶活性与速效P含量显著正相关，脲酶与磷酸酶活性与土壤碱解N显著正相关；赵海燕（2015）等人发现，磷酸酶活性与土壤有机质、速效N、速效P和速效K显著正相关，脲酶活性与土壤有机质、速效N和速效K呈显著正相关；冯瑞章（2007）等发现，磷酸酶活性与土壤TOC、TN、速效N、速效K和微生物P等显著正相关；土壤脲酶和磷酸酶活性与土壤TN、TC和微生物C呈显著正相关（荆瑞勇等，2015）；战厚强（2015）的研究发现磷酸酶活性与速效P和速效K含量显著正相关，土壤蔗糖酶活性提高有利于无机N、铵态N、硝态N、速效P和速效K的积累，土壤脲酶活性提高可增加土壤无机N、铵态N和硝态N含量；张桂玲（2011）则发现，影响土壤碱解N、速效K、TN和有机质的最主要土壤酶为脲酶。

1.3 研究内容和技术路线

1.3.1 科学问题

目前沙地云杉在更新过程中存在较大的问题，半干旱草原地区土壤贫瘠，土壤养分含量是沙地云杉更新的重要限制性因子之一，因而可通过科学的手段提高沙地云杉林土壤养分含量，实现对沙地云杉种群的保护。目前已有研究表明森林凋落物的分解对土壤养分含量有显著的影响，且这种影响随森林组成的改变会发生改变。因而本研究通过科学方法对沙地云杉凋落物和林下土壤进行研究，拟解决的科学问题包括：

（1）不同林龄组成沙地云杉林中，沙地云杉凋落物的分解动态如何，以及随着分解的进行，不同林龄沙地云杉林凋落物化学元素组成及其生态化学计量特征如何变化，在分解的过程中林龄和环境因子起到了何种作用。

（2）随着凋落物分解的进行，各林龄沙地云杉林不同深度土壤养分含量和化学计量特征的变化。

（3）凋落物的分解、其化学元素组成以及其生态化学计量特征与各林龄沙地云杉不同深度土壤养分组成和生态化学计量特征是否存在相关关系。

（4）酶活性与各林龄沙地云杉不同深度土壤养分组成和生态化学计量特征是否存在相关关系。

1.3.2 研究内容

2016年通过踏查，在内蒙古自治区赤峰市克什克腾旗白音敖包国家级自然保护区内选定三种林龄（5年生、30年生和40年生）的沙地云杉林作为研究对象，在每个林龄的沙地云杉林中根据沙地云杉长势和分布特征选取有代表性的区域，分别布设三个10 m×10 m的样地，并在每个样地中设置自动气象站，用于监测每块样地中的土壤温度和土壤湿度，随后在每个样地内随机设置5个1 m×1 m的小样方，用于下列研究：

（1）不同林龄沙地云杉林中凋落物分解和养分组成动态及其影响机制：在上述各个小样方中收集各林龄沙地云杉的凋落物，带回实验室烘干后，称取固定质量凋落物于尼龙网袋中，于2016年11月将尼龙网袋置各个样地中进行分解实验。从2017年3月开始每隔1个月收集一次尼龙网袋，用于凋落物分解特征的研究，主要包括：凋落物养分组成C、N、P、K含量及其生物化学计量特征C/N、C/P和N/P，凋落物残留率，凋落物质量损失率，凋落物分解系数等。通过研究沙地云杉林林龄、凋落物处理时间及环境因子（土壤温度、土壤湿度）对沙地云杉凋落物分解特征的影响。探究随着凋落物分解的进行，不同林龄沙地云杉凋落物分解特征和养分组成的变化规律以及产生这种变化的主要原因。

每次采集尼龙网袋的同时对尼龙网袋下0～10 cm、10～20 cm、20～30 cm、30～40 cm和40～50 cm土壤进行采集，用于后续的土壤养分研究。

（2）凋落物处理时间、林龄和土壤深度对沙地云杉林土壤养分含量的影响：对每次采集土壤的养分进行测定，测定内容包括：土壤各组分N（TN、铵态氮和硝态氮）、土壤各P组分（TP、速效P、总有机P、碳酸氢钠有机磷、氢氧化钠有机磷、总无机P、水溶性无机磷、碳酸氢钠无机磷、氢氧化钠无机磷、盐酸无机磷和无机磷残渣）、土壤K组分（TK和速效K）。通过对不同凋落物处理时间、不同林龄和不同深度土壤养分特征进行分析，探究凋落物处理时间、林龄和土壤深度对土壤各养分特征的影响。

（3）凋落物特征和环境因子对土壤养分含量的影响：通过将不同林龄沙地云杉凋落物分解动态（凋落物残留率、凋落物质量损失率和凋落物分解系数）与养分特征（凋落物养分组成及其化学计量特征）的变化以及土壤环境因子（土壤温度和土壤湿度）与其对应林龄不同土壤深度养分特征进行综合分析，探究凋落物分解动态（凋落物残留率、凋落物质量损失率和凋落物分解系数）、养分组成、生态化学计量特征和环境因子对不同土层土壤养分含量和生态化学计量特征的影响。

（4）凋落物处理时间、林龄和土壤深度对沙地云杉林土壤酶活性的影响：对每次采集土壤的酶活性进行测定，测定内容包括磷酸酶、蔗糖酶、植酸酶和脲酶。通过对不同凋落物处理时间、不同林龄和不同深度土壤四种酶活性特征进行分析，探究凋落物处理时间、林龄和土壤深度对土壤四种酶活性的影响。

1.3.3　研究意义

沙地云杉是我国半干旱地区特有物种，对维持半干旱地区气候环境和生态条件有重要的意义。但由于近些年气候变化、病虫害频繁和土壤养分降低等限制性因子的影响，沙地云杉种群正在逐渐退化乃至消亡。因而通过人工处理的方式，调节土壤养分含量对维持沙地云杉种群的稳定性有重要的意义。以往研究发现，一些林地内凋落物的分解可对土壤养分及酶活性产生显著的影响，但从目前可查阅的文献来看，尚无对沙地云杉凋落物分解及其对土壤养分含量和酶活性影响的研究，哪一种林龄沙地云杉凋落物分解对土壤养分含量及酶活性的提高效果更好也尚不明确。因此，探究沙地云杉凋落物在不同林龄中分解特征及其对土壤养分及酶活性的影响是十分必要的。本研究通过对不同林龄沙地云杉林土壤进行凋落物处理，测定凋落物的分解动态和不同深度土壤养分和酶活性变化，探究林龄对凋落物分解、土壤养分组成和酶活性变化的影响。旨在通过人工凋落物处理解决沙地云杉林土壤养分匮乏问题，并为半干旱地区林地凋落物分解和土壤养分调节相关研究提供理论基础。

1.3.4 技术路线

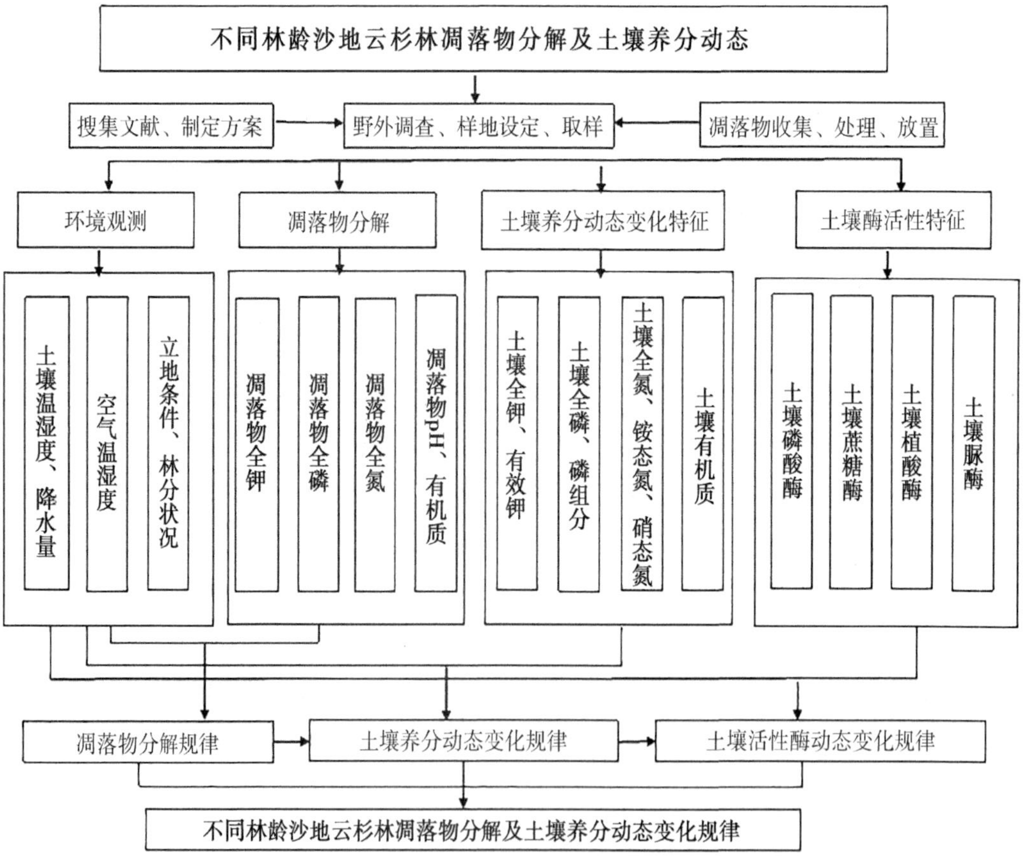

图1-1 技术路线图

Figure 1-1 Technical roadmap

参考文献

[1] 李志鹏，曹晓明，丁杰，等.MODIS卫星影像显示的2001—2017年中国荒漠化年度状况. 中国沙漠，2019，39(6)：135—140.

[2] 王炜，梁存柱，李洪峰，等. 白音锡勒草原沙地云杉林的性质、可能成因及自然更新能力的初步研究. 干旱区资源与环境，2000，14(2)：59—64.

[3] Zou C J, Han S J, zhang J H, et al. Characteristics and dynamics of Sandy natural forests in sandy forest-steppe ecotone in the northern area of China. Journal of Forestry Researeh, 2000, 11 (3)：161—166.

[4] 姜联合. 沙地云杉之源——白音敖包自然保护区. 植物研究，2001，(4)：6.

[5] 徐文铎，刘广田.沙地云杉生态系统研究. 北京：中国林业出版社，1998：2—6.

[6] 罗菊春. 沙地云杉是防沙治沙的优良树种. 中国林业，2002，(7)：38.

[7] 陈炳浩，陈楚莹. 沙地红皮云杉森林群落生物量和生产力的初步研究. 林业科学，1980，16(4)：269—278.

[8] 郑元润，徐文铎. 沙地云杉种群稳定性研究. 生态学杂志，1996，5(6)：13—16.

[9] 徐文铎，郑元润，刘广田. 内蒙古沙地云杉生长与生态条件关系的研究. 应用生态学报，1993，4(4)：368—373.

[10] 徐文铎，郑元润. 沙地云杉苗期生长与干物质生产关系的研究. 应用生态学报，1993，4(1)：1—6.

[11] 徐文铎，郑元润. 沙地云杉种群结构与动态研究. 应用生态学报，1993，4(2)：126—130.

[12] 郑元润，张新时，徐文铎. 沙地云杉种群调节的研究. 植物生态学报，1997，21(4)：312—318.

[13] 郑元润，张新时，徐文铎. 沙地云杉种群增长预测模型研究. 植物生态学报，1997，21 (2)：130—137.

[14] 邹春静，徐文铎，刘广田. 沙地云杉种群种子雨的时空分布规律. 生态学杂志，1998，17(3)：16—19.

[15] 郑元润. 不同方法在沙地云杉种群分布格局分析中的适用性研究. 植物生态学报，1997，21(5)：480—484.

[16] 邹春静，徐文铎. 沙地云杉种内、种间竞争的研究. 植物生态学报，1998，22(3)：269—274.

[17] 黄三祥，李新彬，林田苗，等. 沙地云杉育苗技术及苗木年生长规律研究. 北京林业大学学报，2003，25(6)：11—14.

[18] 周措尤. 干旱沙区沙地云杉播种育苗试验. 防护林科技，2018，40(5)：31—32.

[19] 林涛，白玉娥，魏青芸，等. 光照、温度和水分条件对沙地云杉种子萌发影响的研究. 干旱区资源与环境，2005，19(2)：188—191.

[20] 朱国庆, 刘世增, 李得禄, 等. 沙地云杉种子萌发及育苗试验. 中国农学通报, 2011, 27(16): 22—26.

[21] 李银科, 刘世增, 康才周, 等. 温度对樟子松和沙地云杉种子萌发特征的影响. 水土保持通报, 2011, 31(4): 73—77.

[22] 刘有军, 刘世增, 康才周, 等. 两种云杉种子萌发和幼苗生长对环境因子的适应性. 生态学报, 2019, 39(2): 1—9.

[23] 刘有军, 刘世增, 康才周, 等. 中国特有植物沙地云杉的濒危机制. 水土保持通报, 2018, 38(3): 60—65, 73.

[24] 包兴华, 方亮. 沙地云杉座水覆膜造林试验. 内蒙古农业大学学报, 2007, 28(4): 102—105.

[25] 曹文生, 焦树仁, 王国晨, 等. 章古台造林树种引种与乡土树种对比栽培试验. 防护林科技, 2005, (1): 14—17.

[26] 宋德伟. 沙地云杉在河西地区的适应性及发展潜力. 南方农业, 2018, 12(14): 16—17.

[27] 李银科, 刘世增, 康才周, 等. 沙地云杉在河西地区的适应性及发展潜力. 水土保持通报, 2017, 37(1): 325—328.

[28] 范文秀. 沙珠玉地区沙地云杉容器育苗试验. 南方农业, 2017, 11(27): 30—31.

[29] 杨晓光. 半干旱地区沙地云杉播种育苗试验. 防护林科技, 2008, (4): 23—25.

[30] 常艳, 杜敏, 常金财, 等. 呼伦贝尔沙地引种沙地云杉初报. 林业科技通讯, 2015, (8): 38—39.

[31] 郭小兵, 娄迎春, 叶东梅, 等. 沙地云杉胚性细胞悬浮培养研究. 内蒙古农业大学学报: 自然科学版, 2009, 30(2): 274—277.

[32] 白玉娥, 曾超, 彭鹏, 等. 沙地云杉胚性愈伤组织诱导.分子植物育种, 2015, 13(6): 1363—1368.

[33] 任燕, 姜海燕, 爱华. 红果型沙地云杉内生真菌多样性. 西北林学院学报, 2018, 33(6): 180—187.

[34] 爱华, 姜海燕. 沙地云杉内生真菌拮抗菌株的筛选及鉴定.分子植物育种, 2019, 4(1): 1—7.

[35] 李春红, 蓝登明, 周世权, 等. 内蒙古白音敖包沙地云杉分类学研究. 干旱区资源与环境, 2008, 22(2): 164—169.

[36] 蔡萍, 宛涛, 张洪波, 等. 沙地云杉与近缘种红皮云杉和白扦遗传多样性的RAPD分析. 中国农业科技导报, 2009, 11(6): 102—110.

[37] 蔡萍，宛涛，张洪波，等. 沙地云杉与其近缘种花粉形态的比较研究. 内蒙古大学学报：自然科学版，2009，40（6）：685—689，751—752.

[38] 郑舒文，田有亮，白玉娥，等. 沙地云杉ISSR-PCR反应体系的初步优化. 江苏农业科学，2014，42（08）：48—50.

[39] 郑舒文，白玉娥，何炎红，田有亮. 沙地云杉及其近缘种遗传多样性研究. 福建林业科技，2015，42（3）：24—28.

[40] 白玉娥，彭鹏，王菊，等. 基于荧光原位杂交技术分析沙地云杉及近缘种核型. 分子植物育种，2016，14（12）：3548—3553.

[41] 段国珍，白玉娥，伊如汉，等. 沙地云杉与其近缘种间的 GISH分析. 西北植物学报，2018，38（2）：225—231.

[42] 邹春静，韩士杰，徐文铎，等. 沙地云杉生态型对干旱胁迫的生理生态响应. 应用生态学报，2003，14（9）：1446—1450.

[43] 邹春静，徐文铎，靳牡丹，等. 干旱胁迫对沙地云杉生态型保护酶活性的影响. 干旱区研究，2007，24（6）：6810—6814.

[44] Zou C J, Han S J, Qi Shu Y, et al. Growth responses of Picea mongolica seedlings to defoliation rate. Journal of Environmental Sciences, 2005, 17（2）：232—236.

[45] 李苗苗，冯雪，邹春静. 外源Ca^{2+}对干旱胁迫下沙地云杉幼苗抗旱性生理指标的影响. 安徽林业科技，2013，39（1）：12—14.

[46] Zou C J, Han S J, ZhouY M, et al. Population dynamics of Picea mongolica in sandy forest steppe ecotone. Journal of applied environment and biology, 2001, 7（6）：517—522.

[47] 邹春静，盛晓峰，徐文铎. 沙地云杉生态型同工酶研究. 应用与环境生物学报，2005，11（2）：138—140.

[48] 邹春静，马永亮，张超，徐文铎. 沙地云杉生态型表观性状分化. 辽宁林业科技，2006（03）：4—6，10.

[49] Liu C J, Westman C J, Ilvesniemi H. Matter and nutrient dynamics of pine（Pinus tabulaeformis） and oak （Quercus variabilis） litter in North China. Silva Fennica, 2001, 35（1）：3—13.

[50] Shi J, Hideyuki S, Zou C J. Differentiation and population subdivision in Picea mongolica based on microsatellite analyses. Biochemical Systematics and Ecology, 2010, 38（6）：1122—1128.

[51] 李小燕，刘贤德，张宏斌，等. 几种云杉属植物叶片提取物的抗氧化性研究. 甘肃农业大学学报，2014，49（6）：102—106.

[52] 王逸然，郑成洋，曾发旭. 内蒙古白音敖包沙地云杉生长季非结构性碳水化合物含量动态. 北京大学学报：自然科学版，2016，52(5)：967—976.

[53] 师生波，刘克彪，张莹花，等.民勤沙生植物园4种云杉属植物光化学特性的趋同适应. 生态学报，2017，37(15)：5039—5048.

[54] 王飞，刘世增，康才周，等. 干旱胁迫对沙地云杉光合、叶绿素荧光特性的影响. 干旱区资源与环境，2017，31(1)：142—147.

[55] 邹春静，韩士杰，周玉梅，等. 内蒙古沙地森林草原过渡带中沙地云杉种群动态（英文）. 应用与环境生物学报，2001，(6)：517—522.

[56] 邹春静，韩士杰，徐文铎. 沙地云杉构件动态与结构. 武汉植物学研究，2001，19(5)：369—376.

[57] Zou C J, Han S J, Xu W D. Modular dynamics and Structure of Picea mongolica. Journal of Wuhan Botanical Research, 2001, 19(5): 369—376.

[58] 何宗明，陈光水，刘剑斌，等，杉木林凋落物产量、分解率与储量的关系. 应用与环境生物学报，2003，9(4)：352—356.

[59] 陈小红，段争虎. 土壤碳素固定及其稳定性对土壤生产力和气候变化的影响研究. 土壤通报，2007，(4)：765—772.

[60] 郭艳娜，霍沁建，袁玲. 森林土壤肥力概述. 中国农学通报，2004，(3)：143—145，148.

[61] Davidson E A, Janssens I A. Temperature sensitivity of soil carbon decomposition and feedbacks to climate change. Nature, 2006, 440(7081): 165—173.

[62] Sheikh M A, Kumar M, Bussmann R W. Altitudinal variation in soil organic carbon stock in coniferous subtropical and broadleaf temperate forests in Garhwal Himalaya. Carbon Balance Management, 2009, 4: 1—6.

[63] 杨承栋. 森林土壤学科研究进展与展望. 土壤学报，2008，45(5)：881—891.

[64] 王清奎，汪思龙，于小军，等. 杉木与阔叶树叶凋落物混合分解对土壤活性有机质的影响. 应用生态学报，2007，18(6)：1203—1207.

[65] Xia S W, Chen J, Schaefer D, et al. Effect of topography and litterfall input on fine-scale patch consistency of soil chemical properties in a tropical rainforest. Plant and Soil, 2015, 404(1-2): 385—398.

[66] 刘庆，吴彦. 滇西北亚高山针叶林林窗大小与更新的初步分析. 应用与环境生物学报. 2002，8(5)：453—459.

[67] 杨万勤，邓仁菊，张健. 森林凋落物分解及其对全球气候变化的响应. 应用生态学

报, 2007, 18(12): 2889—2895.

[68] Gartner T, Cardon Z G. Decomposition dynamics in mixed-species leaf litter. Oikos: A Journal of Ecology, 2004, 104(2): 230—246.

[69] 郭鸿蓉, 吴福忠, 倪祥银, 等. 中亚热带次生林和人工林凋落枝水溶性碳氮磷动态特征. 生态学报, 2021, 41(13): 5175—5183.

[70] Berg B, Mcclaugherty C. Plant Litter: Decomposition, Humus Formation, Carbon Sequestration. Third Edition. Berlin: Springer, 2014: 311—315.

[71] 宋飘, 张乃莉, 马克平, 等. 全球气候变暖对凋落物分解的影响. 生态学报, 2014, 34(6): 1327—1339.

[72] 刘霞, 周涛, 吴昊, 等. 中国森林凋落物分解速率的空间格局及主控因子: 基于最优线性混合模型. 北京师范大学学, 2018, 54(4): 553—560.

[73] Berg M, Berg M P, Bottner P, et al. Litter mass loss rates in pine forests of Europe and Eastern United States: some relationships with climate and litter quality. Biogeochemistry, 1993, 20: 127—159.

[74] Aerts R. Climate, leaf litter chemistry and leaf litter decomposition in terrestrial ecosystems: a triangular relationship. Oikos, 1997, 79: 439—449.

[75] Meentemeyer V. The geography of organic decomposition rates. Annals of the Association of American Geographers, 2015, 74(4): 551—560.

[76] Dang C K, Schindler M, Chauvet E, et al. Temperature oscillation coupled with fungal community shifts can modulate warming effects on litter decomposition. Ecology, 2009, 90(1): 122—131.

[77] Aerts R, Callaghan T V, Dorrepaal E, et al., Seasonal climate manipulations have only minor effects on litter decomposition rates and N dynamics but strong effects on litter P dynamics of sub-arctic bog species. Oecologia, 2012, 170(3): 809—819.

[78] Zhang X H, Sun X X, Mao R. Effects of litter evenness, nitrogen enrichment and temperature on short-term litter decomposition in freshwater marshes of Northeast China. Wetlands, 2017, 37(1): 145—152.

[79] 黄锦学, 黄李梅, 林智超, 等. 中国森林凋落物分解速率影响因素分析. 亚热带资源与环境学报, 2010, 5(3): 56—62.

[80] 徐振锋, 尹华军, 赵春章, 等. 陆地生态系统凋落物分解对全球气候变暖的响应. 植物生态学报, 2009, 33(6): 1208—1219.

[81] Liu J, Liu S, Li Y, et al. Warming effects on the decomposition of two litter species in

model subtropical forests. Plant Soil, 2017, 420(1—2): 277—287.

[82] Vitousek P M, Sanford R L. Litter decomposition on the Mauna Loa environmental matrix, Hawaii: patterns, mechanisms, and models. Ecology, 1994, 75(2): 418—429.

[83] 王亚军, 郁珊珊. 城市绿化植物-凋落物-土壤系统碳氮磷化学计量特征研究. 西北植物学报, 2017, 37(1): 171—180.

[84] Christiansen C T, Haugwitz M S, Priem A, et al. Enhanced summer warming reduces fungal decomposer diversity and litter mass loss more strongly in dry than in wet tundra. Global Change Biology, 2017, 23(1): 406—420.

[85] 张保刚, 梁慧春, 吴祥云, 等. 辽东山地影响胡桃楸天然次生林凋落物分解因子研究. 辽宁农业科学, 2014, (4): 19—23.

[86] 孙晓辉. 胡桃楸天然次生林凋落物分解的生态学过程. 防护林科技, 2015, (9): 9—11, 15.

[87] 罗永清, 赵学勇, 王涛, 等. 植物根系分解及其对生物和非生物因素的响应机理研究进展. 草业学报, 2017, 26(2): 197—207.

[88] Couteaux M M, Bottner B, Berg B. Litter decomposition, climate and liter quality. Trends in Ecology and Evolution, 1995, 10(2): 63—66.

[89] Aerts R. The freezer defrosting: global warming and litter decomposition rates in cold biomes. Journal of Ecology 2006, 94: 713—724.

[90] Zhang D Q, Hui D F, Luo YQ, et al. Rates of litter decomposition in terrestrial ecosystems: global patterns and controlling factors. Journal of Plant Ecology, 2008, 1(2): 85—93.

[91] 陈婷, 郗敏, 孔范龙, 等. 枯落物分解及其影响因素. 生态学杂志, 2016, 35(7): 1927—1935.

[92] Willcock J, Magan N, Impact of environmental factors on fungal respiration and dry matter losses in wheat straw. Journal of Stored Products Research, 2000, 37(1): 35—45.

[93] 唐仕姗, 杨万勤, 殷睿, 等. 中国森林生态系统凋落叶分解速率的分布特征及其控制因子. 植物生态学报, 2014, 38(6): 529—539.

[94] Liu G, Sun J, Tian K, et al. Long-term responses of leaf litter decomposition to temperature, litter quality and litter mixing in plateau wetlands. Freshwater Biology, 2017, 62(1): 1—14.

[95] Kang H Z, Berg B, Liu C J, et al. Variation in mass-loss rate of foliar litter in relation to climate and litter quality in Eurasian forests: differences among functional groups of litter. Silva Fennica, 2009, 43(4): 549—575.

[96] 王意锟，方升佐，曲宏辉，等. 森林凋落物分解的影响因素. 林业科技开发，2012，26（1）：5—9.

[97] 刘强，彭少麟，毕华，等. 热带亚热带森林叶凋落物交互分解的研究. 中山大学学报：自然科学版，2004，4：86—89.

[98] 凌华，陈光水，陈志勤. 中国森林凋落量的影响因素. 亚热带资源与环境学报，2009，4（4）：66—71.

[99] 王鑫，罗雪萍，字洪标，等. 青海森林凋落物生态化学计量特征及其影响因子. 草业学报，2019，28（8）：1—14.

[100] Köchy M, Wilson S, Litter decomposition and nitrogen dynamics in aspen forest and mixed-grass prairie. Ecology, 1997, 78（3）：732—739.

[101] Moore T R, Trofymow J A, Taylor B, et al. Litter decomposition rates in Canadian forests. Global Change Biology, 1999, 5（1）：75—82.

[102] Peng S L, Liu Q. The dynamics of forest litter and its responses to global warming. Acta Ecologica Sinica, 2002, 22（9）：1534—1544.

[103] Berg B, Mc Claugherty C. Plant Litter: Decomposition, Humus Formation, Carbon Sequestration. New York: Springer-Verlag, 2003.

[104] 卜涛，张水奎，宋新章，等. 几个环境因子对凋落物分解的影响. 浙江农林大学学报，2013，30（5）：740—747.

[105] 彭少麟，刘强. 森林凋落物动态及其对全球变暖的响应. 生态学报，2002，22（9）：1534—1544.

[106] 林波，刘庆，吴彦，等. 森林凋落物研究进展. 生态学杂志，2004，23（1）：60—64.

[107] Keuskampa J A, Heftinga M M, DingemansaJos B J J, et al. Effects of nutrient enrichment on mangrove leaf litter decomposition. Science of The Total Environment, 2015, 508: 402—410.

[108] 肖文娅，刁娇娇，费菲，等. 不同强度间伐对杉木人工林凋落物分解速率的影响. 生态环境学报，2016，25（8）：1291—1299.

[119] Xu X N, Hirata E. Decomposition patterns of leaf litter of seven common canopy species in a subtropical forest: N and P dynamics. Plant and Soil, 2005, 273（1—2）：279—28.

[110] Polyakova O, Billor N. Impact of deciduous tree species on litterfall quality, decomposition rates and nutrient circulation in pine stands. Forest Ecology and Management, 2008, 253（1—3）：1—18.

[111] Berg B, Johansson M B, Ekbohm G, et al. Maximum decomposition limits of forest litter

types: a synthesis. Canadian Journal of Botany, 1996, 74(5): 659—672.

[112] Kemp P R, Waldecker D G, Owensby C E, et al. Effects of elevated CO_2 and nitrogen fertilization pretreatments on decomposition on tallgrass prairie leaf litter. Plant and Soil, 1994, 165: 11—127.

[113] Moretto A S, Distel R A, Didone N G. Decomposition and nutrient dynamic of leaf litter and roots from palatable and unpalatable grasses in a semi-arid grassland. Applied Soil Ecology, 2001, 18: 31—37.

[114] Liu P, Huang J H, Han X G, et al. Differential responses of litter decomposition to increased soil nutrients and water between two contrasting grassland plant species of Inner Mongolia, China. Applied Soil Ecology, 2006, 34(2—3): 266—275.

[115] 张雨雪, 胡伟芳, 罗敏, 等. 闽江口秋茄凋落叶分解碳氮磷元素动态特征与水解酶活性. 生态学报, 2019, 39(12): 4242—4254.

[116] Prescott C E. Do rates of litter decomposition tell us anything we really need to know? Forest Ecology and Management, 2005, 220(1—3): 66—74.

[117] Tripathi S K, Singh K P. Abiotic and litter quality control during the decomposition of different plant parts in dry tropical bamboo savanna in India. Pedobiologia, 1992, 36: 241—256.

[118] Berg B, Matzner E. Effect of N deposition on decomposition of plant litter and soil organic matter in forest systems. Environmental Reviews, 1997, 5(1): 1—25.

[119] Cusack D F, Chou W W, Yang W H, et al. Controls on long-term root and leaf litter decomposition in neotropical forests. Global Change Biology, 2009, 15: 1339—1355.

[120] 岳楷, 杨万勤, 彭艳, 等. 高寒森林溪流对凋落叶分解过程中木质素降解的影响. 植物生态学报, 2016, 40(9): 893—901.

[121] 王文君, 杨万勤, 谭波, 等. 四川盆地亚热带常绿阔叶林土壤动物对几种典型凋落物分解的影响. 生态环境学报, 2013, 22(9): 1488—1495.

[122] 张德强, 余清发, 孔国辉, 等. 鼎湖山季风常绿阔叶林凋落物层化学性质的研究. 生态学报, 1998, 18(1): 98—102.

[123] Angelis P D, Kesari S C, Giuseppe E S M. Litter quality and decomposition in a CO_2-enriched Mediterranean forest ecosystem. Plant and Soil, 2000, 224: 31—41.

[124] 李荣华, 邓琦, 周国逸, 张德强.起始时间对亚热带森林凋落物分解速率的影响.植物生态学报, 2011, 35(07): 699—706.

[125] 赵畅, 龙健, 李娟, 等. 茂兰喀斯特原生林不同坡向及分解层的凋落物现存量和养分特征. 生态学杂志, 2018, 37(2): 295—303.

[126] Don A, Kalbitz K. Amounts and degradability of dissolved organic carbon from foliar litter at different decomposition stages. Soil Biology and Biochemistry, 2005, 37: 2171—2179.

[127] Dai L M, Xu Z B, Zhang Y J, et al. Study on decomposition rate and fall of Pinus koraiensis needle. Acta Ecologica Sinica, 2001, 21(8): 1296—1300.

[128] 游巍斌, 刘勇生, 何东进, 等. 武夷山风景名胜区不同天然林凋落物分解特征. 四川农业大学学报, 2010, 28(2): 141—147.

[129] 廖利平, 马越强, 汪思龙, 等. 杉木与主要阔叶造林树种叶凋落物的混合分解. 植物生态学报, 2000, 24(1): 27—33.

[130] 李雪峰, 韩士杰, 郭忠玲, 等. 红松阔叶林内凋落物表层与底层红松枝叶的分解动态. 北京林业大学学报, 2006, 28(3): 8—13.

[131] 袁亚玲, 张丹桔, 张艳, 等. 马尾松与阔叶树种凋落叶混合分解初期的酶活性. 应用与环境生物学报, 2018, 24(3): 508—517.

[132] 郭培培, 江洪, 余树全, 等.亚热带6种针叶和阔叶树种凋落叶分解比较. 应用与环境生物学报, 2009, 15(5): 655—659.

[133] 王希华, 黄建军, 闫恩荣. 天童国家森林公园常见植物凋落叶分解的研究. 植物生态学报, 2004, 28(4): 457—467.

[134] 刘颖, 武耀祥, 韩士杰, 等. 长白山四种森林类型凋落物分解动态. 生态学杂志, 2009, 28, 400—404.

[135] 潘嘉雯, 李吉跃, 何茜, 等.马尾松两种林型土壤养分特征及其与凋落物质量的关系. 中南林业科技大学学报, 2020, 40(2): 54—63.

[136] 王琳, 欧阳华, 周才平, 等. 贡嘎山东坡土壤有机质及氮素分布特征. 地理学报, 2004, 59(6): 1012—1019.

[137] 侯芸芸, 曹春, 任海峰, 等. 小陇山国家级自然保护区主要群落土壤的理化性质分析. 广东农业科学, 2012, 39(10): 77—79.

[138] 张继平, 张林波, 王风玉, 等. 井冈山国家级自然保护区森林土壤养分含量的空间变化. 土壤, 2014, 46(2): 262—268.

[139] Ganuza A, Almendros G. Organic carbon storage in soils of the Basque Country (Spain). the effect of climate, vegetation type and edaphic variables. Biology and Fertility of Soils, 2003, 37: 154—162.

[140] Mueller P, Jensen K, Megonigal J P. Plants mediate soil organic matter decomposition in response to sea level rise. Global Change Biology, 2016, 22: 404—414.

[141] 何蓉, 杨卫, 李玉媛, 等. 高黎贡山南段2种森林类型的土壤特性研究. 西部林业科

学, 2004, 34(3): 46—52.

[142] 何蓉, 杨卫, 方波, 等. 无量山自然保护区南段4种森林类型的林地土壤特性研究. 西部林业科学, 2007, (3): 22—29.

[143] 王燕, 刘苑秋, 曾炳生, 等. 江西大岗山常绿阔叶林土壤养分特征研究. 江西农业大学学报, 2010, 32(1): 96—100.

[144] 刘旭军, 程小琴, 田慧霞, 等. 间伐和凋落物处理对华北落叶松人工林土壤磷形态的影响. 生态学报, 2019, 39(20): 7686—7696.

[145] 郝玉琢, 王树力. 水曲柳人工纯林与混交林土壤生态化学计量特征的比较. 东北林业大学学报, 2018, 46(3): 54—58.

[146] 夏汉平, 余清发, 张德强. 鼎湖山3种不同林型下的土壤酸度和养分含量差异及其季节动态变化特性. 生态学报, 1997, 17(6): 645—653.

[147] 蒋文伟, 周国模, 余树全, 等. 安吉山地主要森林类型土壤养分状况的研究水土保持学报, 2004, 18(4): 73—76.

[148] 樊后保, 李燕燕, 黄玉梓, 等. 马尾松纯林改造成针阔混交林后土壤化学性质的变化. 水土保持学报, 2006, 20(4): 77—81.

[149] 林培松, 尚志海. 韩江流域典型区不同森林类型土壤理化性质初步研究. 水土保持研究, 2009, (3): 117—120.

[150] 王忠诚, 文仕知, 胡曰利, 等. 鹰嘴界自然保护区不同森林类型保育土壤效益研究. 中南林业科技大学学报, 2012, 32(8): 52—57.

[151] 樊星火, 葛红艳, 张参参, 等. 江西省生态公益林典型林分土壤肥力状况研究.北京林业大学学报, 2018, 40(11): 84—92.

[152] 张彪, 高人, 杨玉盛, 等. 万木林自然保护区不同林分土壤可溶性有机氮含量. 应用生态学报, 2010, 21(7): 1635—1640.

[153] 张振明, 余新晓, 王友生, 等. 森林不同土壤层全氮空间变异特征. 生态学报, 2011, 31(5): 1213—1220.

[154] 张晓琳, 王帅, 王旭, 等. 海南吊罗山自然保护区土壤有机碳贮量研究. 热带作物学报, 2014, 35(2): 362—368.

[155] 黄承标, 吴仁宏, 何斌, 等. 三匹虎自然保护区森林土壤理化性质的研究. 西部林业科学, 2009, 38(3): 16—21.

[156] 杨克风, 张鑫童, 汪大林, 等. 马鬃岭自然保护区土壤碳蓄积的研究. 生态环境学报, 2010, 19(10): 2372—2375.

[157] 车宗玺, 刘贤德, 车宗奇, 等. 祁连山青海云杉林土壤有机质及氮素的空间分布特

征. 水土保持学报, 2014, 28(5): 164—169.

[158] 吴鹏, 王襄平, 张新平, 等.东北地区森林凋落叶分解速率与气候、林型、林分光照的关系. 生态学报, 2016, 36(8): 2223—2232.

[159] 魏新, 郑小锋, 张硕新. 秦岭火地塘不同海拔梯度森林土壤理化性质研究.西北林学院学报, 2014, 29(3): 9—14.

[160] 黄文娟, 刘菊秀, 唐旭利, 等. 鼎湖山5种森林土壤的无机氮和有效磷含量. 应用与环境生物学报, 2009, 15(4): 441—447.

[161] Margalef O, Sardans J, Fernandez-Martinez M, et al. Global patterns of phosphatase activity in natural soils. Scientific Reports, 2017, 7(1): 1337.

[162] Spohn M, Kuzyakov Y. Phosphorus mineralization can be driven by microbial need for carbon. Soil Biol. Biochem. 2013, 61, 69—75.

[163] Sardans J, Peñuelas J. Increasing drought decreases phosphorus availability in an evergreen Mediterranean forest. Plant Soil, 2004, 267: 367—377.

[164] Marklein Alison R, Houlton Benjamin Z. Nitrogen inputs accelerate phosphorus cycling rates across a wide variety of terrestrial ecosystems. The New phytologist, 2012, 193(3).696—704.

[165] Allison, S D. Vitousek, P M. Responses of extracellular enzymes to simple and complex nutrient inputs. Soil Biology and Biochemistry, 2005, 37: 937—944.

[166] 钟传青, 黄为一. 不同种类解磷微生物的溶磷效果及其磷酸酶活性的变化. 土壤学报, 2005(2): 286—294.

[167] 耿玉清, 白翠霞, 赵广亮, 等. 土壤磷酸酶活性及其与有机磷组分的相关性.北京林业大学学报, 2008, 30(S2): 139—143.

[168] 田沐雨, 于春甲, 汪景宽, 等. 氮添加对草地生态系统土壤pH、磷含量和磷酸酶活性的影响. 应用生态报, 2020, 31(9): 2985—2992.

[169] Chen Y M, Sui Y Y, Jiao X G. et al. Eight-Year Cattle Manure Amendment Alters Chemical and Biochemical Properties of Eroded Mollisols. Agronomy Journal, 2017, 109(1): 80—85.

[170] 陈艳鑫, 耿玉清, 黄金, 等. 青海湖鸟岛地区不同淹水条件下土壤酶活性的差异及其影响因素. 生态学杂志, 2019, 38(3): 735—743.

[171] 万忠梅, 宋长春, 郭跃东, 等. 毛苔草湿地土壤酶活性及活性有机碳组分对水分梯度的响应. 生态学报, 2008, 28(12): 5980—5986.

[172] 江孟孟, 赵喜辉, 谢小文, 等. 氮肥形态与干湿交替灌溉下水稻土壤酶及养分差异. 植物生理学报, 2021, 57(5): 1123—1134.

[173] 李春喜, 姜丽娜, 林琳, 等. 低温对小麦幼苗根际土壤酶活性的影响. 华北农学报, 2012, 27(6): 92—96.

[174] Higgins N F, Crittenden P D. Phytase activity in lichens. New Phytologist, 2015, 208(2): 544—554.

[175] Yokoyama D, Imai N, Kitayama K. Effects of nitrogen and phosphorus fertilization on the activities of four different classes of fine-root and soil phosphatases in Bornean tropical rain forests. Plant and Soil, 2017, 416(1—2): 463—476.

[176] Eida M F, Nagaoka T, Wasaki J. et al. Phytate Degradation by Fungi and Bacteria that Inhabit Sawdust and Coffee Residue Composts. Microbes and Environments, 2013, 28(1): 71—80.

[177] Gong S, Zhang T, Guo R, et al. Response of soil enzyme activity to warming and nitrogen addition in a meadow steppe. Soil Research, 2015, 53: 242—252.

[178] Yinping Bai, Feng Li, Gang Yang, et al. Meta-analysis of experimental warming on soil invertase and urease activities. Acta Agriculturae Scandinavica, Section B-Soil and Plant Science, 2018, 68(2): 104—109.

[179] 孙瑞莲, 赵秉强, 朱鲁生, 等. 长期定位施肥田土壤酶活性的动态变化特征. 生态环境, 2008, 17(5): 2059—2063.

[180] 黄智鸿, 赵海超, 魏东, 等. 不同施肥措施对春玉米农田土壤酶活性的影响. 中国土壤与肥料, 2016, 265(5): 18—24.

[181] 魏猛, 诸葛玉平, 娄燕宏, 刘飞, 刘安辉. 施肥对文冠果生长及土壤酶活性的影响. 水土保持学报, 2010, 24(02): 237—240.

[182] 赵静, 韩甜甜, 谢兴斌, 等. 酸化梨园土壤酶活性与土壤理化性质之间的关系. 水土保持学报, 2011, 25(4): 115—120.

[183] 耿玉清, 白翠霞, 赵铁蕊, 等. 北京八达岭地区土壤酶活性及其与土壤肥力的关系. 北京林业大学学报, 2006, 28(5): 7—11.

[184] 高秀君, 张仁陟, 杨招弟. 不同耕作方式对旱地土壤酶活性动态的影响. 土壤通报, 2008, 39(5): 1012—1016.

[185] 马宁宁, 李天来, 武春成, 等. 长期施肥对设施菜田土壤酶活性及土壤理化性状的影响. 应用生态学报, 2010, 21(7): 1766—1771.

[186] 徐国伟, 段骅, 王志琴, 等. 麦秸还田对土壤理化性质及酶活性的影响. 中国农业科学, 2009, 42(3): 934—942.

[187] 邱现奎, 董元杰, 万勇善, 等. 不同施肥处理对土壤养分含量及土壤酶活性的影响. 土壤, 2010, 42(2): 249—255.

[188] 赵海燕，徐福利，王渭玲，等. 秦岭地区华北落叶松人工林地土壤养分和酶活性变化. 生态学报，2015，35(4)：1086—1094.

[189] 冯瑞章，周万海，龙瑞军，等. 江河源区不同建植期人工草地土壤养分及微生物量磷和磷酸酶活性研究. 草业学报，2007，26(6)：1—6.

[190] 荆瑞勇，曹焜，刘俊杰，等. 东北农田黑土土壤酶活性与理化性质的关系研究. 水土保持研究，2015，22(4)：132—137，142.

[191] 战厚强. 水稻秸秆还田对土壤酶活性及土壤养分的影响. 东北农业大学，2015.

[192] 张桂玲. 秸秆和生草覆盖对桃园土壤养分含量、微生物数量及土壤酶活性的影响. 植物生态学报，2011，35(12)：1236—1244.

第2章　研究区概况与研究方法

本研究以白音敖包沙地云杉国家级自然保护区的沙地云杉林为研究对象，对自然保护区的5年生林、30年生林、40年生林3种林分沙地云杉进行凋落物分解定位实验，深入解析沙地云杉凋落物分解过程中与水热条件、林分类型等关键因子的相互关系，以及不同林龄沙地云杉土壤N、P、K等养分变化的关键因子及其交互作用，阐明沙地云杉凋落物分解及土壤N、P、K等养分的释放规律，以期为沙地云杉这种乡土树种的经营管理提供科学依据。

2.1　研究区自然概况

试验区位于浑善达克沙地东部边缘，内蒙古自治区赤峰市克什克腾旗白音敖包国家级自然保护区（43° 30′ ~43° 36′ N，117° 03′ ~117° 16′ E），面积约为1947 hm^2。该地区为温带草原气候，年均气温-1.4℃，1月均温为-23.4℃，7月均温为17.4℃，年均无霜期为78天，年降水量360~440 mm，年均蒸发量为1035.6 mm，海拔1300~1500 m。土壤为灰色森林土，植物区系属于蒙古植物分布区范畴，在植物种类组成上，有沙地云杉（Picea mongolica）、兴安落叶松（Larix daburica）、兴安桧（Sabina davurica）、楼斗菜叶绣线菊（Spiraea aquilogifolia）、窄叶绣线菊（Spiraea dahurica）、油松（pinustabulaef rmis）等。该保护区地理位置见图2-1。

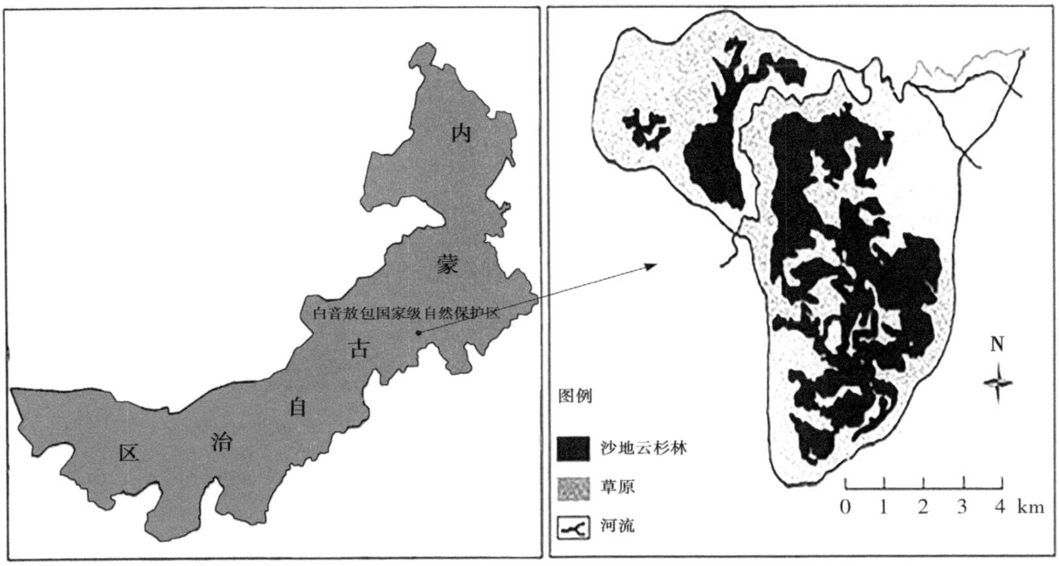

图2-1 白音敖包国家级自然保护区地理位置

Fig 2-1 Geographical location of Baiyinaobao National Nature Reserve

2016年8月初，在野外实地调查的基础上，在白音敖包国家级自然保护区内选择3种林龄存在显著差异沙地云杉林，其中包括由1~5年生沙地云杉组成的幼树林（下文简称5年生林），由6~30年生沙地云杉组成的6年生/30年生林（下文简称30年生林），由31~40年生的沙地云杉组成的40年生林（下文简称40年生林）。在每个林分中选取植被长势良好、分布均匀且向阳的3块10 m×10 m样地，并在样地中随机设置5个1 m×1 m的小样方。样地基本情况见表2-1。

表 2-1 样地基本情况

Table 2-1 Basic situation of sample plots

林型				土层（0~30 cm）		
Forest type				Soil layer （0~30 cm）		
林龄（a）	海拔梯度（m）	平均胸径（cm）	平均树高（m）	土壤 pH	含水量（%）	土壤温度（℃）
Age of stand（a）	Elevation gradient（m）	Average DBH（cm）	Average height（m）	Soil pH	Soil moisture（%）	Soil temperature（℃）
5年生林（1~5 a）	1344	1.79±0.15	2.06±0.71	7.01±0.12	35.95±0.45	−15.78±2.49
30年生林（6~30 a）	1352	8.03±4.81	8.15±1.86	6.67±0.03	42.45±4.13	−14.59±2.61
40年生林（31~40 a）	1342	14.26±4.12	13.94±2.15	6.69±0.01	17.28±2.61	−15.33±2.42

注：以上数据为2017年3月数值，其中表中土壤指标值为 0~30 cm 土壤深度的平均值。

2.2 研究方法

2.2.1 样地的设置和微气候因子观测

样地设置在沙地云杉林的集中分布区域，沙地云杉林内物种及幼苗等调查采用样线调查法（臧润国等，1998），在5年生林（1~5 a）、30年生林（6~30 a）、40年生林（31~40 a）3种不同林龄沙地云杉林中随机选取3个立地条件、林分状况（草本盖度、灌木盖度、种源情况、郁闭度等）基本相同的样地作为实验样地，并均匀地设置3个10 m×10 m的小样方，记载样地所处的立地条件、草本盖度、灌木盖度、种源情况、郁闭度等，并安置自动气象站和常规气象观测仪器。连续监测试验地微气候因子（气温、相对湿度、土壤水分、土壤温度、降水量等），为分析它们与凋落物分解和养分释放动态定量关系积累基础数据。

2.2.2 凋落物样品采集及处理

在沙地云杉林凋落量最大时间段（2016年10月下旬），在3种林龄9个样地的每个小样方内，仔细挑选和收集地表新鲜凋落的针叶（以下简称“凋落叶”）并装袋，及时运回实验室，在80 ℃烘干至恒重。并选取相同质量（1000 g）3种林龄凋落叶行充分混合，选取部分凋落物粉碎，过60目筛，用作化学元素C、N、P、K分析，以了解沙地云杉林凋落叶初始含量。

2.2.3 野外分解试验设置及采样

取烘干后的20 g混合凋落叶（误差小于0.01 g），装入孔径为0.15 mm尼龙纱布制成的15 cm×15 cm分解袋内，2016年11月份，将上述标号分解袋样品分别放入选好的5年生林（1~5 a）、30年生林（6~30 a）、40年生林（31~40 a）3种不同林龄沙地云杉林样地中，并做三个重复，每一样地放置9个分解袋，每一龄林27个分解袋。放置时将样地表层凋落物小心去掉，将分解袋平行放在样地上，互相不交叠，并尽量使凋落叶平铺在网袋里面，使之与腐殖质层充分接触，尽可能接近自然分解状态。放置分解袋之前，分别采集每个分解袋下方0~10 cm、10~20 cm、20~30 cm、30~40 cm、40~50 cm土壤样品，带回实验室进行pH、TOC和TN、碱解N、TP、有效P、TK、有效K以及脲酶、磷酸酶、植酸酶和蔗糖酶的测定。分解袋放置后于第二年的3月（3月前部分地区仍有积雪覆盖，不宜进行试验）、5月、7月、9月、11月（分别为实验处理的4月、6月、8月、10月和12月）每个月无阴雨天或雨后天气晴朗5~7天（自然保护区的不同月份平均气温和平均降水量见表2-2），共6次采回样品。每次分别从每个林分的3块样地各取回凋落叶分解袋一袋，剔除石砾、根系及动植物残体，将3袋凋落叶充分进行混合，带回实验室进行处理。在80℃条件下持续烘干至恒重，测定凋落叶留量、失质量率，同时进行TC、TN、TP、TK的测定。采集分解袋的同时，采集分解袋下方0~10 cm、10~20 cm、20~30 cm、30~40 cm、40~50 cm土壤样品带回实验室进行测定。

表2-2　不同月份平均气温、月降水量和土壤pH

Table 2-2　Average temperature, monthly precipitation and soil pH value in different months

月份 Months	月平均气温 Mean air temperature (℃)	月降雨量 Mean precipitation (mm)	土壤pH Soil pH value		
			5年生林 (1~5 a)	30年生林 (6~30 a)	40年生林 (31~40 a)
2017年3月	-10.4	1.38	7.28	6.72	6.97
2017年5月	14.5	39.91	7.06	6.72	6.79
2017年7月	22.62	95.12	6.37	5.89	6.49
2017年9月	13.16	59.11	6.95	6.54	6.63
2017年11月	-6.48	3.93	7.14	6.26	6.54

2.2.4　室内样品分析

把每个林分同一样地内取回的凋落叶样品在80 ℃条件下烘干至恒重，之后混合均匀，粉碎，过60目筛，将样品放入自封袋内待测。凋落物测定化学元素为C、N、P、K。凋落叶分解动态采用失重率法（董世仁等，1986），凋落叶全碳（TC）采用SSM-TOC（TOC分析仪，中国，上海元析，TOC-L）法，凋落叶全氮（TN）采用硫酸-高氯酸消煮、凯氏定氮法（凯氏定氮仪，中国，北京三品科创，SPD60）测定，凋落叶全磷（TP）采用硫酸-高氯酸消煮-钼锑抗分光光度法（紫外可见分光光度计，中国，北京普析，TU-1950），凋落叶全钾（TK）采用硫酸-高氯酸消煮、火焰光度计法（火焰光度计，中国，上海仪电，FP6410）测定（董鸣等，1996）。凋落物样品所测指标进行3次平行测定，结果取其平均值。

采回后的土壤样品经过室内风干、去杂质和磨碎过100目筛后待测。

土壤样品主要测定pH、有机质和TN、碱解N、TP、有机P组分、无机P组分、TK、有效K。测定方法：pH采用盐浸电位法；有机质采用重铬酸钾氧化法；TN采用凯氏定氮法；碱解N采用碱解扩散法；土壤P组分采用Sui-P素分级方法（Sui, et al., 1999），即运用连续浸提的方法，逐级加入去离子水、0.5mol/L $NaHCO_3$、0.1mol/L NaOH、1mol/L HCl，提取出土壤中稳定性由弱到强的各级土壤P素形态，即水溶性P（H_2O-P_i）、碳酸氢钠无机P（$NaHCO_3$-P_i）和碳酸氢钠有机P（$NaHCO_3$-P_o）、氢氧化钠无机P（NaOH-P_i）和氢氧化钠有机P（NaOH-P_o）、酸溶性P（HCl-P_i），最后的残留土壤采用硫酸-高氯酸高温消解测定残留P（Res-P）；无机P总量（P_i）=H_2O-P_i＋$NaHCO_3$-P_i＋NaOH-P_i＋HCl-P_i＋Res-P，有机P总量（P_o）= $NaHCO_3$-P_o＋NaOH-P_o。

土壤TP含量为各形态P素含量之和；TK采用氢氟酸-高氯酸酸溶-原子吸收法；有效K采用乙酸铵浸提-火焰光度计法。

土壤酶分析指标及方法：磷酸酶用对硝基苯磷酸盐法，其活性以每小时每千克土产生对硝基酚的毫克数表示；利用苯酚钠比色法测定脲酶活性；用3，5-二硝基水杨酸比色法测定（鲁如坤，2000）。土壤蔗糖酶活性、植酸酶活性测定采用参考GB/T 18634—2009的方法。

2.2.5 数据处理与分析方法

$$第i月凋落物失质量率(\%)=(W_{i-1}-W_i)/W_{i-1}\times100\%$$（沈海龙等，1996）

式中：W_i为第i个月凋落物干质量，W_{i-1}为第（i-1）个月凋落物干质量。

凋落物的年度分解动态、凋落物的半衰期$t_{0.5}$（凋落物分解50%时所需年限）和$t_{0.95}$（凋落物分解95%时所需年限）用Olson指数衰减模型来拟合（刘增文等，2005）。

$$x/x_0=e^{-kt}$$

式中：x_0为枯叶初始质量，x为经时间t后的枯叶残留量，k为分解系数，t为时间（年）。

半衰期、分解周期计算式如下：$t_{0.5}=\ln0.5/(-k)$，$t_{0.95}=\ln0.05/(-k)$。

实验数据分析采用Excel 2010、SPSS 22.0和SAS 8.0统计软件，作图采用SPSS 18.0和Origin 9.0软件。对不同林分、不同月份、凋落物测定指标（凋落物质量、C、N、P、K）、土壤的测定指标（土壤pH、N组分、P组分、K组分及土壤酶活性）、温度、湿度等在α=0.05水平下进行Paired-samples t检验，通过单因素方差分析（One-Way ANOVA）的LSD法对数据进行差异显著性检验（α=0.05），对分解系数k与凋落物质量指标、土壤各形态P素等指标进行Pearson相关分析和通径分析。使用CANOCO 5.0对所有因子进行冗余分析，综合所有因子之间的关系。

参考文献

[1] 臧润国，郭忠凌，高文韬. 长白山自然保护区阔叶红松林林隙更新的研究. 应用生态学报，1998，9（4）：14—18.

[2] 董世仁，沈国舫，聂道平. 油松人工林养分循环的研究Ⅱ.油松人工林养分元素的动态特性. 北京林业大学学报，1986，8（1）：11—22.

[3] 董鸣. 陆地生物群落调查观测与分析. 北京：中国标准出版社，1996.

[4] 鲁如坤.土壤农化分析方法. 北京：中国农业科学技术出版社，2000.

[5] 中华人民共和国国家质量监督检验检疫总局，中国国家标准化管理委员会，GB/T 18634—2002《饲用植酸酶活性的测定分光光度法》，2009.

[6] 沈海龙，丁宝永，沈国舫，等. 樟子松人工林下针阔叶凋落物分解动态. 林业科学，1996，32(5)：393—402.

[7] 刘增文，潘开文. Olson枯落物分解模型存在的问题与修正. 西北农林科技大学学报：自然科学版，2005，33(1)：69—70.

[8] 郭承亮，解文娟，朱洪坤，等. 沙地云杉引入黑龙江省沙区的可行性分析. 防护林科技，2004，(4)：89—90.

第3章　各林龄沙地云杉林凋落物分解动态特征

森林凋落物指生态系统中由地上植物部分形成并归还地表，作为分解者物质和能量来源，维持生态系统功能的有机质的总称（郭鸿蓉等, 2021）。凋落物分解是森林生态系统物质循环和养分平衡的最重要环节，是土壤C、N、P 等养分的重要来源，同时也影响着森林生态系统的物质循环过程（李青桦等, 2021）。C是构成植物体干物质的最主要元素，N、P是植物生长的限制性元素，K是植物生长发育所必需的营养元素，四者密切相关（刘一霖等, 2018; 李玮等, 2015）。研究表明，在热带海莲红树林（Btuguiera sexangula Mangrove）（林鹏等, 1990），亚热带樟树（Cinnamomum camphora）–马尾松（Pinus massoniana）混交林（李忠文等, 2013），暖温带地区油松（Pinus tabulaeformis）（李国雷等, 2008; 吕瑞恒等, 2012）、青桐（Firmiana simplex）等（范晓慧等, 2022），温带地区华北落叶松（Larix principis-rupprechtii）人工林（王欣等, 2012）、亚高山暗针叶林（Subalpine Dark Coniferous）（罗辑等, 2019）中，凋落物中都有大量的C、N、P、K等营养元素向环境中释放。这些分解过程中释放的C、N、P、K对维持森林土壤肥力、改善林木营养、保持森林生态系统中植物再生长、促进其生态系统正常的物质循环和养分平衡发挥着重要作用（宋新章等, 2008; Aerts, et al., 1997）。

沙地云杉（Picea mongolica）作为北方温带针叶树种，主要生长于海拔1300~1500 m的山地阳坡上，目前，关于不同林分沙地云杉林凋落叶分解特征及分解影响因素等研究报道较少。沙地云杉林凋落叶中，C、N、P、K等营养元素向环境释放的规律及凋落叶中分解特征和分解影响因素等有待揭示。因此，本研究选取浑善达克沙地自然群落沙地云杉5年生（1~5 a）、30年生林（6~30 a）、40年生林（31~40 a）三种林龄沙地云杉林设置试验样地，采用分解袋法进行沙地云杉凋落叶分解试验。研究北方温带针叶树种沙地云杉林凋落叶中C、N、P、K等营养元素向环境中释放、分解速率等变化规律。揭示不同林龄沙地云杉林凋落叶在不同温度、不同湿度、不同时间的分解规律、养分释放趋势和转化规律，为沙地云杉林的经营和管理提供科学依据，并为人工林经营和培育等研究提供参考。

3.1　不同林龄沙地云杉林中凋落物分解动态特征

随着分解的进行，凋落物的分解系数呈先上升而后下降的趋势，5年生林、30年生林和40

年生林凋落物分解系数的峰值均出现在凋落物处理的第10个月，其分解系数分别为0.60、0.62和0.63。分解初期，不同林龄中凋落物质量损失率差异不显著，而到了分解的第12个月，三林龄沙地云杉林中凋落物质量损失率差异显著，表现为40年生林>30年生林>5年生林，其凋落物损失率分别为21.38%、25.70%和28.95%。（见图3-1）

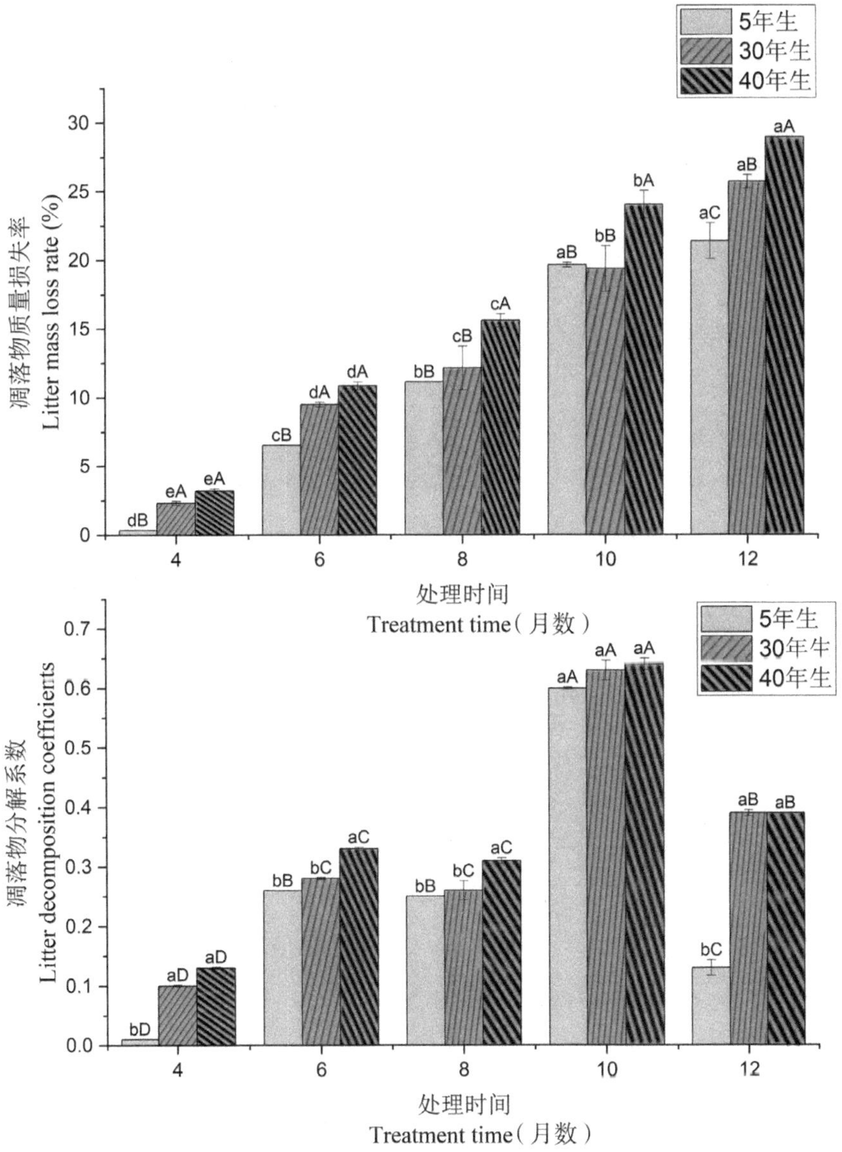

图3-1　不同林龄沙地云杉凋落物凋落物质量损失率和凋落物分解系数变化

Fig 3-1　Changes of litter mass loss rate and decomposition coefficients of P.mongolica litter at different forestage

注：图中不同大写字母表示不同处理时间差异显著（$P<0.05$），不同小写字母表示不同林龄间存在显著差异（$P<0.05$），下同。

各林龄沙地云杉林中，40年生林和30年生林分解速率（16.7%和15.8%）显著高于5年生林

（13.9%）。各林龄间凋落物的半衰期和周转期存在显著差异，均表现为5年生林>30年生林>40年生林，其中5年生林、30年生林和40年生林的半衰期分别为2.7 a、2.1 a和1.9 a，周转期为11.2 a、9a和8.3 a。（见表3-1）

表3-1 不同林龄沙地云杉凋落物分解速率、半衰期和周转期

Tab3-1 Decomposition rate, half-life and turnover period of P.mongolica litter of different forest ages

林龄Stand age	5年生林 （1~5 a）	30年生林 （6~30 a）	40年生林 （31~40 a）
分解速率Decomposition rate（%）	13.9b	15.8a	16.7a
半衰期half-life period t0.5	2.7a	2.1b	1.9c
周转期Turnover period t0.95	11.2a	9b	8.3c

注：不同字母表示不同林龄间差异显著（$P<0.05$）。

3.2 凋落物化学组成和生态化学计量特征

处理时间对沙地云杉凋落物中TC、TN、TP、TK、C/N、C/P和N/P均有显著的影响；林龄对沙地云杉凋落物中TC、TN、TP、TK、C/N、C/P和N/P有显著的影响，但对凋落物C/P影响不显著；处理时间和林龄的交互作用对上述凋落物特征均有显著的影响。（见表3-2）

表3-2 处理时间和林龄对凋落物元素组成和生物化学计量特征的影响

Table 3-2 Effects of treatment time and stand age on elemental composition and biochemical stoichiometric characteristics of litters

差异来源 Differences between the source	全碳 Total C （*F*值）	全氮 Total N （*F*值）	全磷 Total P （*F*值）	全钾 Total K （*F*值）	碳氮比 CN ratio （*F*值）	碳磷比 CP ratio （*F*值）	氮磷比 NP ratio （*F*值）
处理时间 Treatment time	259.26**	2125.06**	5.44**	19624.90**	832.45**	41.69**	12.21**
林龄Stand age	39.65**	132.07**	5.72**	1620.93**	86.46**	0.12	7.50**
处理时间×林龄 Treatment time × Stand age	3.64**	18.90**	6.33**	27.97**	4.93**	3.76**	3.70**

注：**在$\alpha=0.01$下差异性显著，*在$\alpha=0.05$下差异性显著。

随着凋落物处理时间的增加，凋落物中C、K两种元素含量呈下降趋势，这表明相较于其他元素，C、K两种元素的分解速率较高；其中沙地云杉5年生、30年生林和40年生林三种林龄叶凋落物C含量从3月到11月分别下降了9.79%、8.29%、7.04%；沙地云杉5年生、30年生林和40年生林三种林龄叶凋落物K含量从3月到11月分别下降了2.27%、2.44%、2.5%；沙地云杉5年生林、30年生林和40年生林三种林龄叶凋落物C/N从2017年3月份到11月分别下降了4.86%、3.94%、3.84%。三种林龄的沙地云杉林凋落物中N元素含量则随着分解的进行呈上升趋势，说明凋落物中的N元素相较于其他元素更加稳定，不易于分解。5年生林中凋落物P元素含量随着分解的进行呈显著上升趋势，30

年生林中凋落物P元素含量则随着分解的进行呈先上升而后下降再上升的趋势，而40年生林中凋落物P元素含量呈先上升而后下降的趋势；沙地云杉5年生林、30年生林和40年生林三种林龄叶凋落物P含量从3月到7月分别上升了11.19%、13.17%、14.31%。7月到9月30年生林和40年生林分别下降了10%和23.35%。到11月30年生林凋落物N含量下降了1.78%，而40年生林上升1.54%。

整个凋落物处理过程中，随着林龄的增大，其凋落物含C量与含K量均呈下降趋势，即林龄越大，其凋落物含C量与含K量越低；凋落物处理4个月时，5年生林和30年生林凋落物N含量无显著差异，而凋落物处理6~12个月，各林龄沙地云杉凋落物TN含量均表现为40年生林>30年生林>5年生林；凋落物处理4~8个月，各林龄沙地云杉凋落物含P量表现为40年生林>30年生林>5年生林，而在处理10~12个月则表现出了完全相反的情况，即凋落物含磷量5年生林>30年生林>5年生林。（见图3-2）

从生态化学计量特征的角度来看，在沙地云杉凋落物处理过程中，5年生林、30年生林和40年生林的C/N和C/P总体一直呈下降趋势，其中，沙地云杉5年生林、30年生林和40年生林三种林龄叶凋落物C/N从3月到11月分别下降了4.86%、3.94%和3.84%，而凋落物的C/P则分别下降了42.51%、25.67%和21.29%。这说明，各林龄沙地云杉凋落物质量随着分解的进行而提高，即随着分解的进行，凋落物在向着易于分解的方向发展。随着分解的进行，5年生林凋落物的N/P无显著变化，而在30年生林和40年生林中土壤N/P呈上升趋势。

在处理时间相同的情况下，除处理12个月后的沙地云杉凋落物C/P表现为40年生林>30年生林>5年生林外，其他情况下不同林龄沙地云杉凋落物C/N和C/P均表现为5年生林>30年生林>40年生林，这表明在绝大多数情况下，5年生林凋落物质量差于其他两林龄的凋落物。凋落物的N/P除在凋落物处理第8个月时在各林龄沙地云杉林中无显著差异外，其他处理时间40年生林土壤N/P均显著高于5年生林和30年生林土壤。（见图3-3）

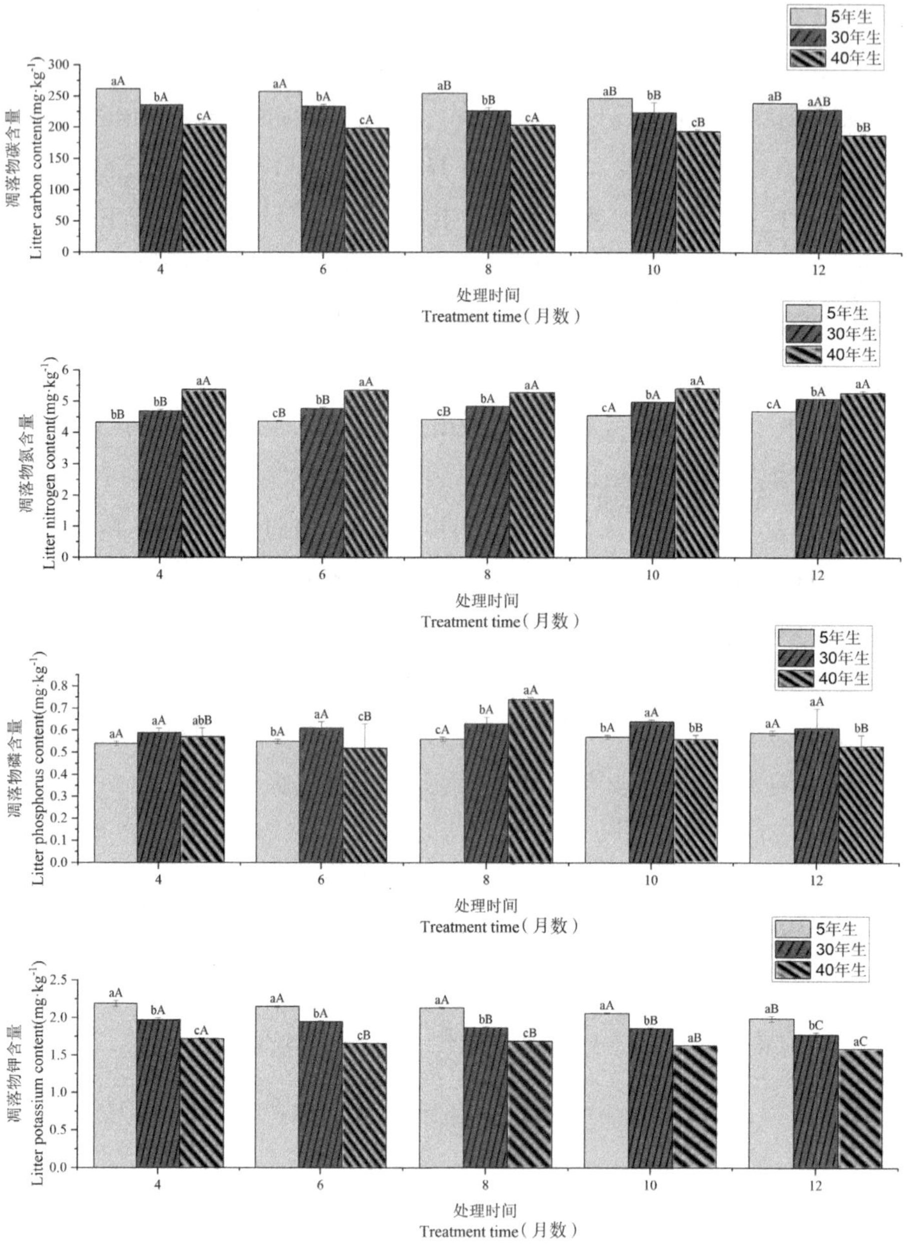

图3-2 不同林龄沙地云杉凋落物全碳、全氮、全磷、全钾含量变化

Fig 3-2 Changes of TC, TN, TP and TK contents P.mongolica litter at different forestage

注：图中不同大写字母表示不同处理时间差异显著（$P<0.05$），不同小写字母表示不同林龄间存在显著差异（$P<0.05$），下同。

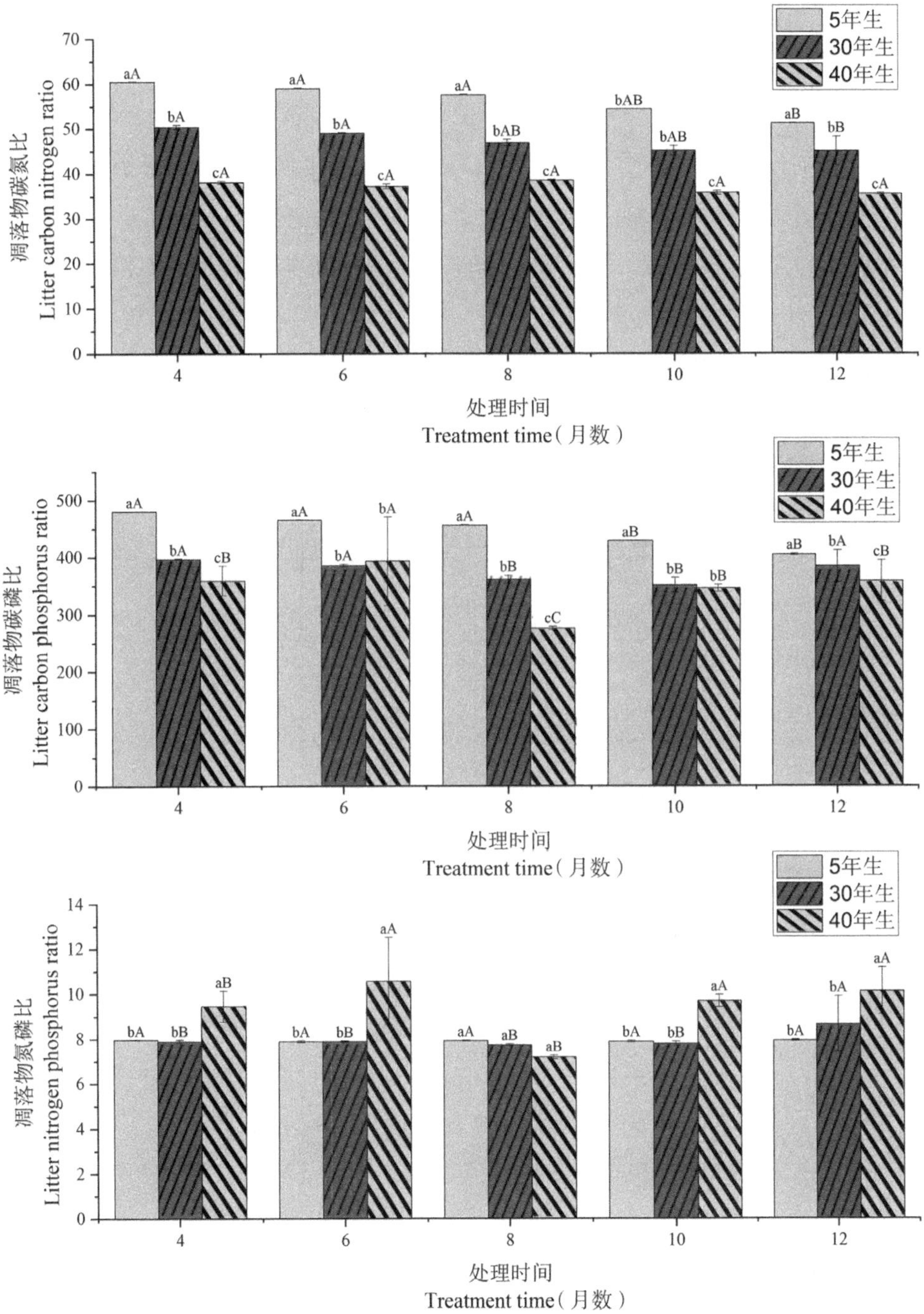

图3-3　不同林龄沙地云杉凋落物C/N、C/P和N/P含量变化

Fig 3-3　Changes of C/N、C/P and N/P of P.mongolica litter at different forest age

3.3 凋落物分解特征和化学组成与环境因子间的关系

凋落物处理时间与凋落物TC、TK、C/N、C/P和凋落物残留率呈显著负相关，与凋落物TN、N/P、凋落物损失率和凋落物分解系数呈显著正相关，与土壤TP含量无显著相关关系。林龄与凋落物TP含量呈显著负相关，与N/P呈显著正相关，与其他凋落物特征不相关。土壤温度和土壤湿度与凋落物的分解系数呈显著正相关，与其他凋落物特征无关。这说明在凋落物分解过程中，C、N、P和K的释放速度不同，且随着分解的进行，凋落物的分解速度变快。此外，提高土壤温度和土壤湿度对凋落物分解系数有显著的提升作用。（见表3-3）

表3-3　凋落物分解特征、化学组成以及生态化学计量特征与环境因子之间的相关关系

Tab3-3　Correlation between decomposition characteristics, chemical composition and ecological stoichiometry of litters and environmental factors

	处理时间 Treatment time	林龄 Ageofstand	温度 Temperature	湿度 Humidity
全碳Total C	−0.94**	−0.26	−0.06	−0.08
全氮Total N	0.96**	0.17	0.13	0.16
全磷Total P	0.197	−0.32*	0.20	0.21
全钾Total K	−0.97**	−0.20	−0.11	−0.14
碳氮比CN radio	−0.96**	−0.22	−0.14	−0.16
碳磷比CP radio	−0.80**	−0.01	−0.22	−0.24
氮磷比NP radio	0.48**	0.35*	−0.08	−0.07
凋落物残留率 Litter residue rate	−0.96**	−0.21	−0.08	−0.10
凋落物质量损失率 Litter mass loss rate	0.96**	0.21	0.08	0.10
分解系数 Decomposition coefficient	0.60**	0.24	0.44**	0.40**

注：**在0.01级别（双尾），相关性显著；*在0.05级别（双尾），相关性显著。

3.4 讨论

3.4.1　不同时间对沙地云杉凋落叶分解的影响

本研究中，不同林龄沙地云杉凋落叶的N、P、K养分释放规律在整个分解过程中有所不同，即沙地云杉凋落叶随着分解时间增加，凋落叶中的N元素质量分数逐步增加，出现这种现象可能是由于沙地云杉凋落叶中N元素主要以有机物形式存在，微生物参与沙地云杉凋落叶N元素分解释放，因而沙地云杉凋落叶的分解质量损失与N元素释放、迁移几乎同时进行。沙地云杉凋落叶中P元素的质量分数随着凋落叶分解时间增加而呈先降低再升高的趋势，原因是沙地云杉凋落叶中P元素也主要以有机物形式存在，释放过程也需经过有机物腐解矿化等过程。沙地云杉凋落叶中K元素质量分数随着沙地云杉凋落叶分解时间增加，呈逐步降低的趋势，这主要是由于在沙地云杉凋落叶内K元素主要以离子态存在，很少与其他元素形成难分解的化合物，当沙地云杉凋落叶返回地表后，储藏在沙地云杉凋落叶中的K元素，在分解过程中因雨水等淋洗作用而大量返还林地地表，导致沙地云杉凋落叶K质量分数不断降低。沙地云杉凋落叶C质量分数、C/N和K质量分数的变化相似，即随着沙地云杉凋落叶分解时间的增加C质量分数、C/N质量分数不断降低。这些结论与王欣等（2012）、李正才等（2008）通过研究落叶松等不同树种凋落物分解得出的结论相似。王欣等（2012）、李正才等（2008）等认为，凋落物中C质量分数及C/N愈低，分解质量损失及元素释放就愈高。可能与针叶凋落物相对较低的C/N会促进微生物活性有关。刘增文等（2009）、Gang等（2013）认为C含量、C/N含量的多少直接影响凋落叶的分解速率。本研究中沙地云杉凋落叶全C、C/N与沙地云杉凋落叶分解速率呈显著负相关，可能与沙地云杉林分土壤肥力差异和沙地云杉叶凋落前养分的转移利用相关。根据沙地云杉的生物性，沙地云杉于每年的5月末开始萌生新叶，6月中下旬进入快速生长期，而到7月中旬生长就停止，8月份有的老叶子就开始枯黄脱落，在沙地云杉叶大量凋落前（2017年10月），该地区天气已经转冷，储存沙地云杉叶中养分，转移减少到枝干等进行储存。由于凋落叶而引起的养分损失，增加沙地云杉对养分的利用效率，从而影响凋落叶物质组成的不同变化。

3.4.2　不同林龄对沙地云杉凋落叶分解的影响

本研究中，在同一立地条件下，沙地云杉5年生、30年生林和40年生林三种龄林的凋落叶不同元素释放率动态变化也存在一定差异。沙地云杉5年生、30年生林和40年生林三种林龄的凋落叶C、K两种元素的释放速率模式都表现为相似的净释放状态，沙地云杉凋落叶中的N元素释放模式属于富集-释放模式，P元素的释放模式属于淋溶-富集-释放模式。沙地云杉C元素的释放速率模式同K元素较为相近，都表现为净释放状态。以上研究结果与王欣等（2012）研究的不同林龄华北落叶松凋落叶分解和王瑾等（2001）研究的暖温带地区辽东栎等主要树种叶片凋落物分解过程中养分释放结果一致。3个龄组的沙地云杉凋落叶中的N、P元素一直处于富集的状态，主要原因可能是受沙地云杉林分密度和林下环境影响。其中沙地云杉5年生林N、P富集最高，其次是沙地云杉30年生林，沙地云杉40年生林最低，其主要原因是沙地云杉林分密度和林下环境不同，沙地云杉5年生林林分密度大，部分林下地区不能直接受到阳光直射，地表的温度和湿度都受其影响，进而改变了沙地云杉林下微生物的种类数量等，使沙地云杉凋落叶的不同养分元素释放率存在不同。另外沙地云杉40年生林K、C释放率最高，5年生林最低，原因是沙地云杉凋落叶返回地表后，因沙地云杉凋落叶中K元素以离子状态存在，K元素返回给林地，并通过微生物等的分解而释放，同时会受到雨水等淋洗的作用，但受沙地云杉初始密度影响，3种林龄中，5年生林密度最大，40年生林密度最小，所以沙地云杉5年生林竞争养分比较激烈，从而使养分利用率提高，养分释放率减小，而40年生林情况刚好相反。另外沙地云杉林木年龄不同，叶子在树上存留的时间也不相同，5年生林叶子可以存留5~7年，而30年生林叶子只能保留3年左右，4年生的叶子几乎全部脱落，40年生林的叶片则有时2年就会因水分条件差而脱落。所以沙地云杉40年生林的凋落叶释放率要高于5年生林和30年生林的释放率。

3.4.3 温度和降水量对沙地云杉凋落叶分解的影响

凋落物的分解是在多种因素作用下进行的，silver等（2001）研究得出结论，气候的组合［如平均年温度（mav）、平均年降水量（map）］是控制凋落物分解的主要因素。在本研究中沙地云杉凋落叶分解释放的C、P与温度和湿度都呈正相关，但不显著。N、C/N与温度和湿度呈负相关，分解系数与温度呈负相关。Giuliano等（2020）认为，凋落物分解与温度之间的关系是随着温度的升高，凋落物分解速率增加。Reich等（2001）研究发现温度和降水量变化对植物叶片C、N、P化学计量特征的影响显著。林波（2004）等通过总结前人的研究认为，凋落物分解速率与土壤湿度、地表温度呈正相关，并且协同作用于凋落物分解。Reich等（2001）对全球452个实验点的1280种植物大数据进行研究发现，随着年均温度的升高，植物叶片的N含量下降。沙地云杉凋落物在2017年7月取样时，3种林龄沙地云杉凋落叶失质量率均达到最低，究其原因为7月份该地区处于夏季，土壤水分蒸发量大、林中空气湿度较低，土壤干旱，凋落叶含水率低，从而影响其分解。这个结论和谷永建等（2021）研究东灵山暖温带落叶阔叶林凋落物分解受气温和降水量的影响情况相似。即当气温升高而降水量却较低时，凋落物分解减慢；而如果降水量较高，即便气温有所下降，分解速率也可能很高。据克什克腾旗气象部门统计，截至2017年9月30日，该地区累计降水量为289.6 mm，比上年同期减少33 mm，比多年平均同期的386.8 mm减少97.2 mm。

由于白音敖包保护区气候等环境条件的变化，以及气温和降水量两个重要的环境因子与沙地云杉凋落物和其他物种凋落物之间相互作用，使得本实验中沙地云杉凋落物分解表现出多样而复杂的特性。相对阔叶树种而言，针叶凋落物分解耗时较长，本研究中只是对沙地云杉新鲜凋落叶一年内的分解影响因素及部分营养元素释放状况进行了定量分析，后期沙地云杉凋落叶自身结构组成变化及量化与生境因子之间的关系有待进一步研究。

3.5　本章小结

通过将相同的凋落物在不同林龄沙地云杉林内进行4~12个月的凋落物分解处理，并对凋落物的分解特征及其化学组成进行测定，得出如下结论：

（1）在三种林龄沙地云杉林中，30年生林和40年生林凋落物分解速度均高于5年生林；且各林龄沙地云杉林中凋落物的分解速度均随着凋落物分解处理时间的增加而加快。

（2）随着分解的进行，各林龄沙地云杉林中凋落物C和K元素含量显著下降，但N元素含量显著上升，即凋落物中C和K元素的分解和淋溶速率较高，而N元素的分解和淋溶速度较低。不同林龄间凋落物C、K元素含量表现为5年生林>30年生林>40年生林，而N元素则正相反，说明5年生林凋落物中N元素损失较大，40年生林中则主要是C和K元素大量分解。P元素随凋落物处理时间和林龄变化无明显变化规律，在40年生林进行第8个月的分解处理后，凋落物含P量最高。

（3）不同林龄凋落物C/N和C/P含量表现为5年生林>30年生林>40年生林，这与三者分解速率的变化规律刚好相反，而土壤N/P则表现为40年生林高于其他两林龄中凋落物，说明三者间分解速率受到了土壤化学计量特征C/N、C/P和N/P的影响。

（4）土壤温度和土壤含水量对凋落物分解速度有显著的促进作用，但对凋落物元素组成及其化学计量特征无显著的影响。

参考文献

[1] 郭鸿蓉，吴福忠，倪祥银，等.中亚热带次生林和人工林凋落枝水溶性碳氮磷动态特征.生态学报，2021，41(13)：5175—5183.

[2] 李青桦，张玉，林玉瑄，等.西南地区不同林型凋落物-土壤氮、磷含量分布特征.四川农业大学学报，2021，39(03)：341—347.

[3] 刘一霖，吴福忠，蒋龙，等.华西雨屏区麻栎-喜树人工混交林林冠对降雨中钾和钠离子再分配的影响. 应用生态学报，2018，29(11)：3503—3512.

[4] 李玮，郑子成，李廷轩.不同植茶年限土壤团聚体碳氮磷生态化学计量学特征. 应用生态学报，2015，26(01)：9—16.

[5] 林鹏，卢昌义，王恭礼，等.海南岛河港海莲红树林凋落物动态的研究.植物生态学与地植物学学报，1990，(1)：69—74.

[6] 李忠文，闫文德，郑威，等.亚热带樟树-马尾松混交林凋落物量及养分动态特征.生态学报，2013，33(24)：7707—7714.

[7] 李国雷, 刘勇, 李瑞生, 等.油松叶凋落物分解速率、养分归还及组分对间伐强度的响应.北京林业大学学报, 2008, (5) : 52—57.

[8] 吕瑞恒, 李国雷, 刘勇, 等. 不同立地条件下华北落叶松叶凋落物的分解特性. 林业科学, 2012, 48 (2) : 31—37(论文中标示2013年).

[9] 范晓慧, 马勇, 钱嘉鑫, 等. 10种典型城市绿化树木凋落叶对4种作物种子萌发及幼苗生长的化感效应. 西北农林科技大学学报: 自然科学版, 2022, (2) : 1—10(论文中标示2021年).

[10] 王欣, 高明达, 杨飞, 等. 不同林龄华北落叶松人工林叶凋落物分解及养分动态比较. 东北林业大学学报, 2012, 40 (10) : 56—60, 66.

[11] 罗辑, 杨丹荔, 李伟, 等. 亚高山暗针叶林凋落物的分解过程. 四川林业科技, 2019, 40 (03) : 1—5.

[12] 宋新章, 江洪, 张慧玲, 等. 全球环境变化对森林凋落物分解的影响. 生态学报, 2008, 28 (9) : 4414—4423.

[13] Aerts R. Climate, leaf litter chemistry and leaf litter decomposition in terrestrial ecosystems: a triangular relationship. Oikos, 1997, 79: 439—449.

[14] 李正才, 徐德应, 杨校生, 等. 北亚热带6种森林类型凋落物分解过程中有机碳动态变化. 林业科学研究, 2008, (5) : 675—680.

[15] 刘增文, 潘开文. Olson枯落物分解模型存在的问题与修正. 西北农林科技大学学报: 自然科学版, 2005, 33 (1) : 69—70.

[16] 刘增文, 段而军, 潘开文, 等. 川西亚高山人工林碳氮分配格局及其随凋落叶分解的释放规律. 应用生态学报, 2009, 20 (1) : 1—6(论文中为2008年).

[17] Gang L-G, Rong M, Zhao L, et al. Litter decomposition of a pine plantation is affected by species evenness and soil nitrogen availability. Plant and Soil. 2013: 373, 649—657.

[18] 王瑾, 黄建辉. 暖温带地区主要树种叶片凋落物分解过程中主要元素释放的比较. 植物生态学报, 2001, 25 (3) : 375—380.

[19] Bonanomi G , Zotti M , Mogavero V , et al.Climatic and anthropogenic factors explain the variability of Fagus sylvatica treeline elevation in fifteen mountain groups across the Apennines. Forest Ecosystems, 2020, 7 (01) : 5—63.

[20] Reich P B , Oleksyn J . Global patterns of plant leaf N and P in relation to temperature and latitude. Proceedings of the National Academy of Sciences, 2004, 101 (30) : 11001—11006.

[21] 林波, 刘庆, 吴彦, 等. 森林凋落物研究进展. 生态学杂志, 2004, 23 (1) : 60—64.

[22] 谷永建, 吕璇泽, 陶千冶等.气温和降水量对东灵山阔叶林凋落物分解特征的影响. 第四纪研究, 2021, 41 (04) : 1156—1168.

第4章　各林龄沙地云杉林土壤养分含量和生态化学计量特征

土壤肥力是反映土壤养分的重要指标。氮(N)是植物生长发育所需的核心营养元素之一，也是森林生态系统生产力的主要限制因子(Grant, et al., 2014；马寰菲等，2020)。NH_4^+-N与NO_3^--N是可以被植物直接吸收利用的速效态N，其含量变化直接影响土壤N素的迁移转化和植物生产力(许翠清等，2008)。不同林型、不同层次森林土壤全氮(TN)、NH_4^+-N、NO_3^--N含量存在显著差异。目前，国内外对森林生态系统的土壤N素化学计量学特征已开展了大量的研究，包括不同林龄(李玮等，2015；任璐璐等，2017)、不同土地利用方式(Liu, et al., 2016)、不同演替阶段(胡耀升等，2014；Yin, et al., 2010)、不同海拔(王雪梅等，2017；张莎莎等，2020)、不同树种(赵维俊等，2016；孟盈等，2001)等。尤其是近年来，围绕着不同树种的研究较多，这是因为不同树种生存地区不同，其生存环境不同，森林土壤理化性质、土壤养分组成和分布也不同(白小芳等，2015；苏波等，2001)。而对于北方林木交错带上的特殊树种沙地云杉林的土壤N素研究鲜见报道。磷(P)是植物生长发育所必需的大量元素之一。植物所需要的P的最大生态系统储存库是土壤(贾兴永等，2011)。土壤中TP含量很高，但利用率不高(龚霞等，2013；Hinsinger, et al., 2001)。森林生态系统中P成为许多地区树木生长最重要的限制因子(Wang, et al., 1995)。土壤P可分为有机态P和无机态P。目前，国内外学者普遍采用P素分级的方法来确定土壤P素的形态及含量，对土壤有效P库的大小和供P能力进行评价。其土壤P素分级的研究多采用由Hedley提出，经Tiessen、Sui及Guppy等修正后的P素分级体系(李金辉等，2014)。该方法因能够量化对植物有效程度不同的长期和短期的有效性P，已广泛应用于探讨各种生态系统中P素的动态变化。森林生态系统通过影响P生物地球化学循环过程，进而调控土壤P组分分配格局、迁移及转化(王敬国等，1995)。森林类型通过凋落物P归还、根系磷酸酶等途径影响土壤P组分和P有效性(Bünemann, et al., 2016；曾晓敏等，2018)。Hou等(2014)、Rosling等(2016)对不同森林类型的P组分动态等进行了研究，但森林类型对土壤P组分的影响仍存在不确定性，并且土壤P组分与森林类型及随着深度的变化趋势如何，进而对土壤P养分循环产生影响仍不明确。钾(K)素作为诊断土壤肥力的重要指标之一，几乎参与植物体内所有的生理生化过程，对植物的生长发育有着深远影响（陈钦程等，2015）。土壤全钾（TK）和速效K在评价土壤K对当季植物有效性时作为主要指标。速效K是树木吸K最有效的供给源（金继运等，1995；彭浩等，2002）。李佛琳（1999）认为缺K不仅会导致植物的生理失调，影响植物的光合作用，还可以减慢N的代谢，降低植物吸收利用N的能力。不同林型、不同层次森林土壤TK和速效K含量存在显著差异。但是并非所有的K都会被植物快速有效利用，土壤K对植物生长影响的快速有效性取决于土壤K的存在形态、分布状况及无效K向有效K的转换程度（张会民等，2007）。近年来，围绕着不同树种的研究较多，这是因为不同树种生存地区不同，其生存环境不同，森林土壤理化性质、土壤养分组成和分布也不同（李忠文等，2013）。而对于北方林木交错带上的特殊树种沙地云杉林的研究鲜见报道。因此，研究不同龄林沙地云杉林土壤N、P、K三种元素及其组分随深度增加的季节变化特征，可以为浑善达克沙地生态脆弱区的生态系统的养分循环、植被恢复等提供重要的科学数据和理论依据。

4.1 各林龄沙地云杉林土壤养分含量和生态化学计量特征的纵向变化

随着土壤深度的提升，在3种林龄沙地云杉林中土壤TOC含量均呈先无显著变化，随后显著降低，最后趋于平缓的变化趋势，其中30年生林和40年生林土壤TOC含量从20 cm处发生显著下降，而在5年生林中从20 cm处TOC含量逐渐下降。（见图4-1）

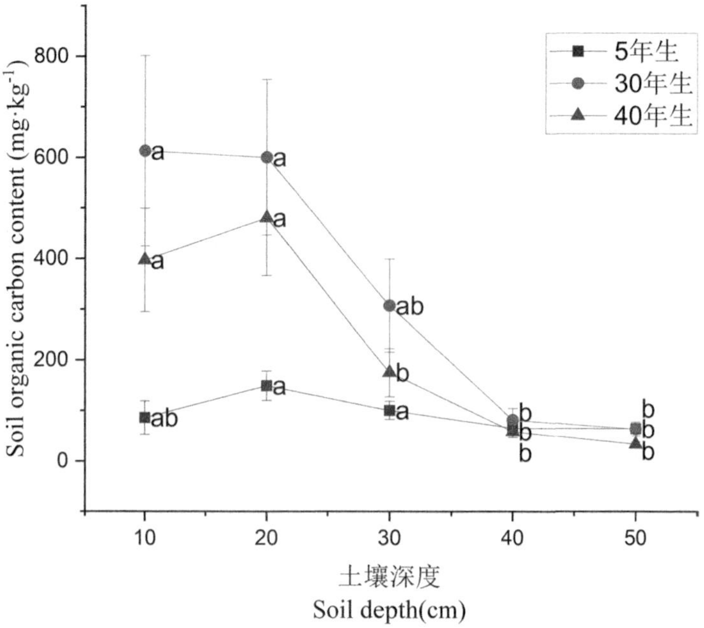

图4-1 不同林龄沙地云杉林土壤有机碳含量纵向变化

Fig 4-1 Vertical variation of soil organic carbon content in different ages of Picea mongolica forests

注：不同字母表示不同土壤深度间存在显著差异性。

三种林龄沙地云杉林中土壤不同组分N含量的纵向变化趋势不同。在5年生林中，随着土层的加深，土壤TN含量出现了显著的下降趋势，而土壤铵态N含量无显著变化，而硝态N则呈先显著下降而后显著上升的趋势。30年生林土壤TN含量随着土层加深显著下降，铵态N呈先显著上升而后显著下降的趋势，其峰值出现在30 cm土层，随着土层加深，30年生林土壤硝态N含量无显著变化。40年生林土壤TN含量呈先上升后下降趋势，其峰值出现在20 cm土层，其铵态N呈显著下降趋势，40年生林土壤硝态N含量在0～40 cm层无显著变化，在50 cm处出现显著下降。（见图4-2）

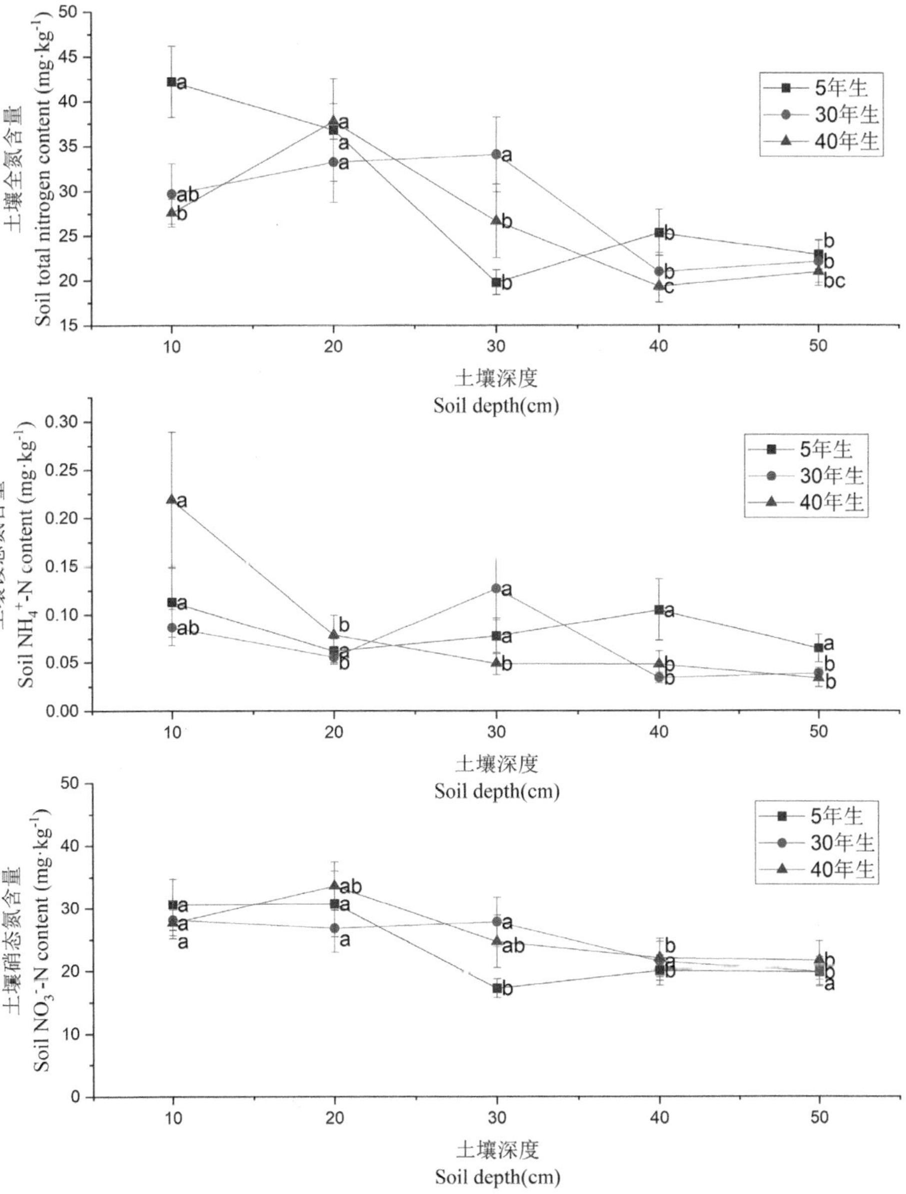

图4-2　不同林龄沙地云杉林土壤不同氮组分含量纵向变化

Fig 4-2　Vertical variation of differentcomponentssoil nitrogen content in different ages of Picea mongolica forests

注：不同字母表示不同土壤深度间存在显著差异性。

随着土壤深度的增加，5年生林土壤TP含量在0~20 cm层显著下降，在20~50 cm层无显著变化；30年生林土壤TP含量在0~20 cm与40~50 cm层无显著变化，在20~40 cm层显著下降；40年生林在0~30 cm层显著下降，在30~50 cm层无显著变化。

随着土壤深度的增加，5年生林土壤速效P含量在全土层无显著变化；30年生林与40年生林土壤速效P含量分别在0~20 cm与0~30 cm层显著下降，在20~50 cm与30~50 cm无显著变化。（见图4-3）

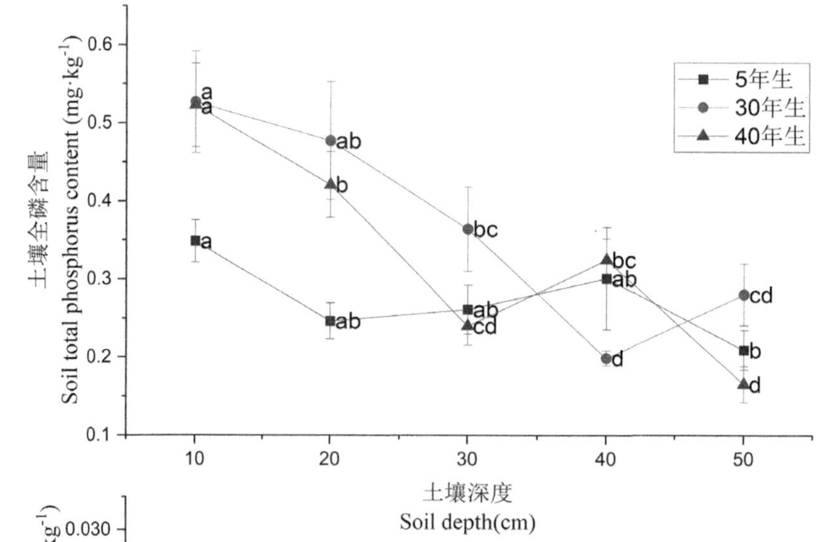

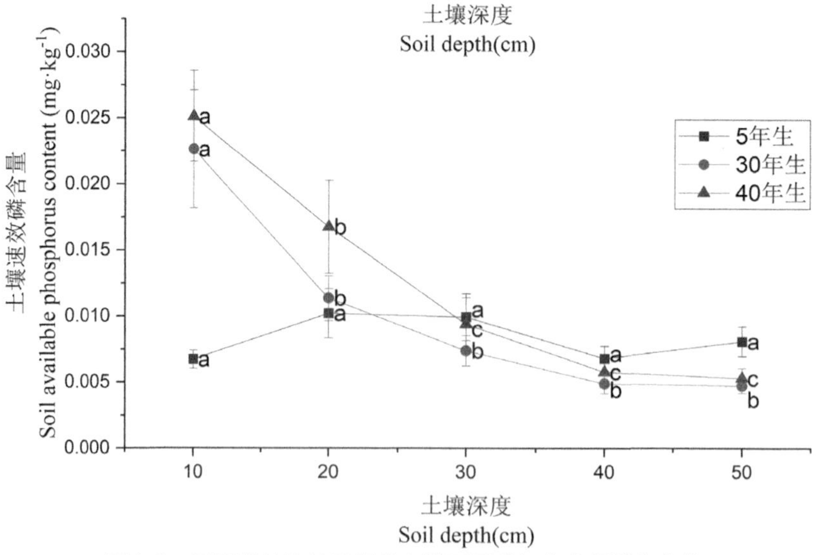

图4-3 不同林龄沙地云杉林土壤不同磷组分含量纵向变化

Fig 4-3 Vertical variation of differentcomponentssoil phosphorus content in different ages of Picea mongolica forests

注：不同字母表示不同土壤深度间存在显著差异性。

随着土壤深度的增加，5年生林与40年生林土壤T-P_o含量在0~20 cm层无显著变化，30年生林在0~30 cm层无显著变化；5年生林在20~40 cm层显著上升，30年生林在30~40 cm层显著下降，40~50 cm层显著上升，40年生林在20~50 cm层显著下降。5年生林土壤$NaHCO_3$-P_o含量在0~30 cm层无显著变化，在30~40 cm层显著上升；30年生林与40年生林$NaHCO_3$-P_o含量在0~20 cm层无显著变化，在20~50 cm层显著下降。5年生林与40年生林土壤NaOH-P_o含量分别在0~20 cm层与0~30 cm层显著下降，5年生林在20~50 cm层与40年生林在30~40 cm层都无显著性；30年生林土壤NaOH-P_o含量在0~30 cm层无显著变化，在30~40 cm层显著下降，40~50 cm层显著上升。（见图4-4）

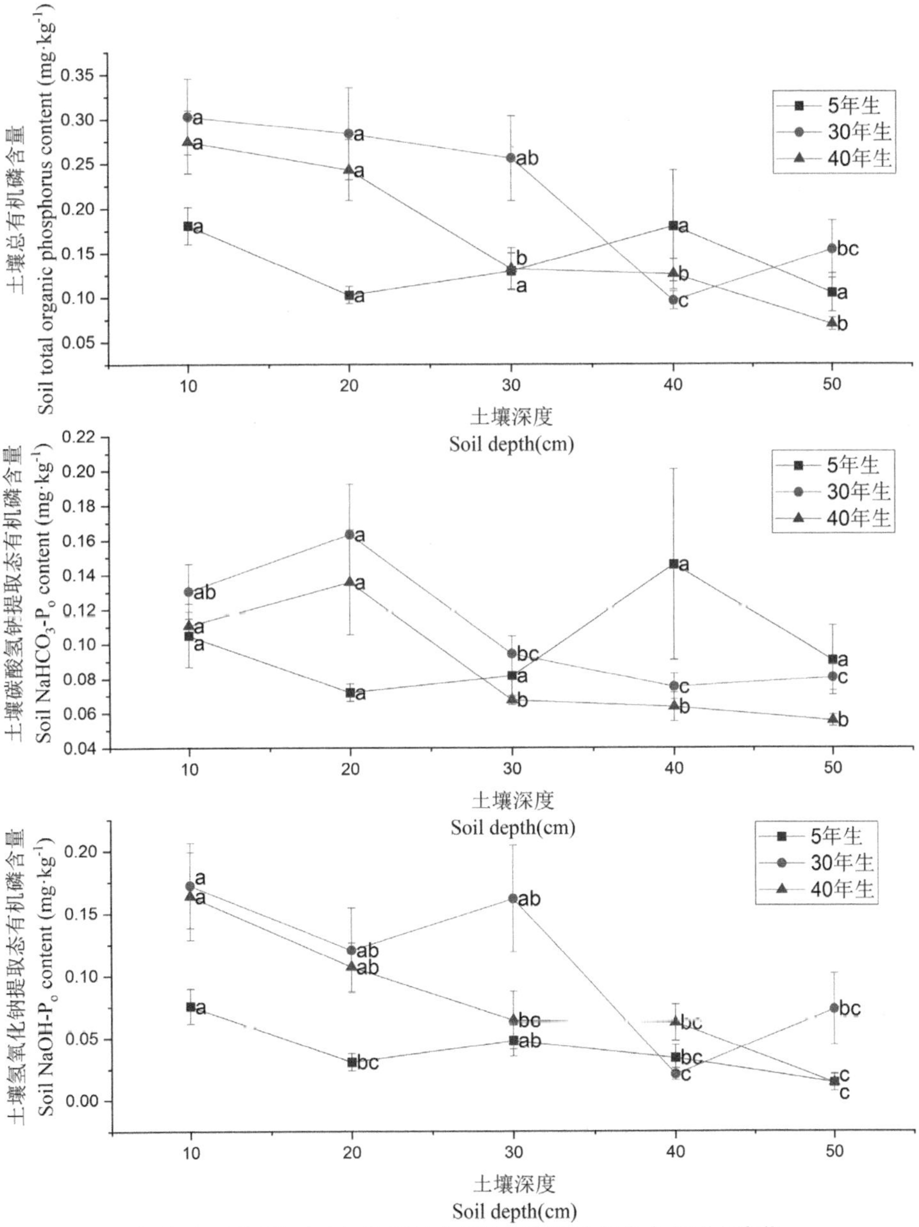

图4-4　不同林龄沙地云杉林土壤不同有机磷组分含量纵向变化

Fig 4-4　Vertical variation of different components soil organic phosphorus content in different ages of Picea mongolica forests

注：不同字母表示不同土壤深度间存在显著差异性。

在5年生林中，随着土壤加深，土壤总无机P、$NaHCO_3$-P_i、Res-P_i均呈显著下降趋势，土壤H_2O-P_i、NaOH-P_i和HCl-P_i均呈显著下降趋势。在30年生林和40年生林中，土壤总无机P、H_2O-P_i和$NaHCO_3$-P_i含量随土壤加深显著下降；随着土层的加深，土壤NaOH-P_i在30年生林中呈显著下降而在40年生林中无显著变化；30年生林中HCl-Pi无显著变化，而在40年生林中呈显著下降趋势；30年生林中Res-P_i含量显著下降，在40年生林中整体上呈显著下降趋势，但在40 cm深土壤Res-P_i存在显著的上升。（见图4-5）

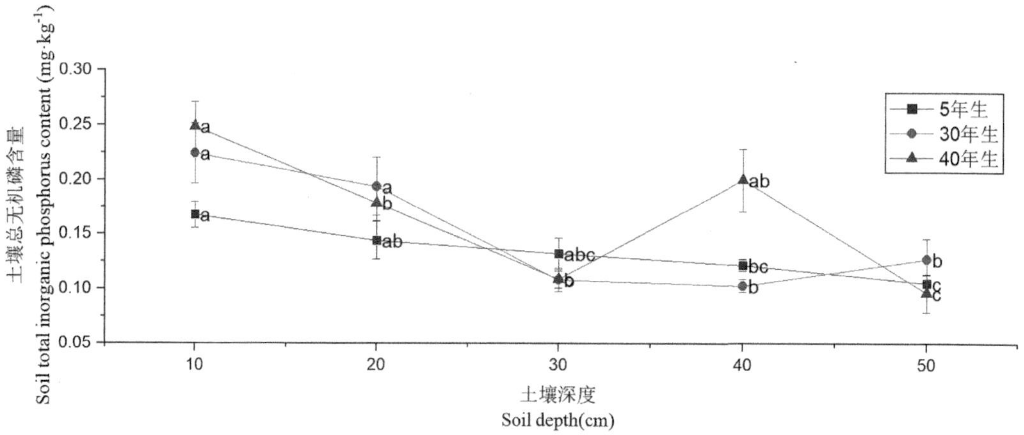

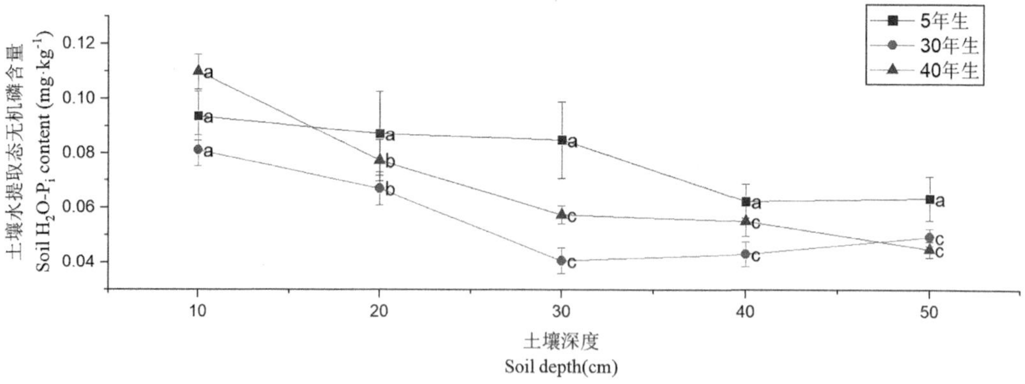

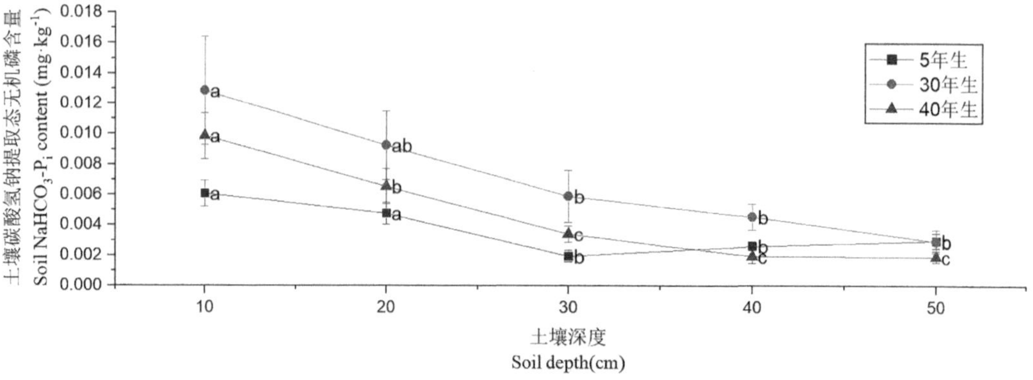

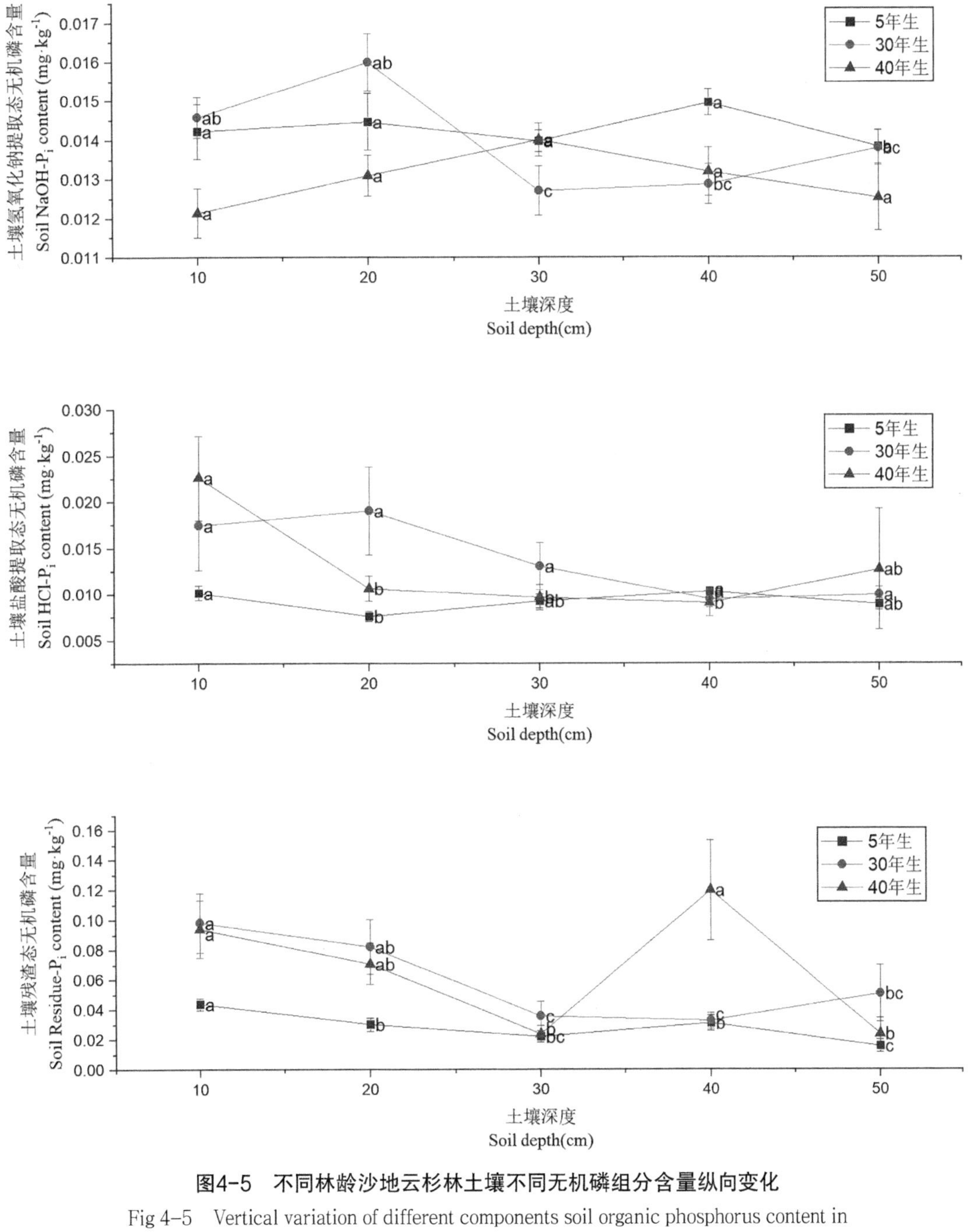

图4-5　不同林龄沙地云杉林土壤不同无机磷组分含量纵向变化

Fig 4-5　Vertical variation of different components soil organic phosphorus content in different ages of Picea mongolica forests

注：不同字母表示不同土壤深度间存在显著差异性。

三种林龄下的沙地云杉林中土壤TK含量和速效K含量均随着土壤深度的增加呈显著下降趋势，其中30年生林TK和速效K变化趋势最大，40年生林的变化趋势最小。（见图4-6）

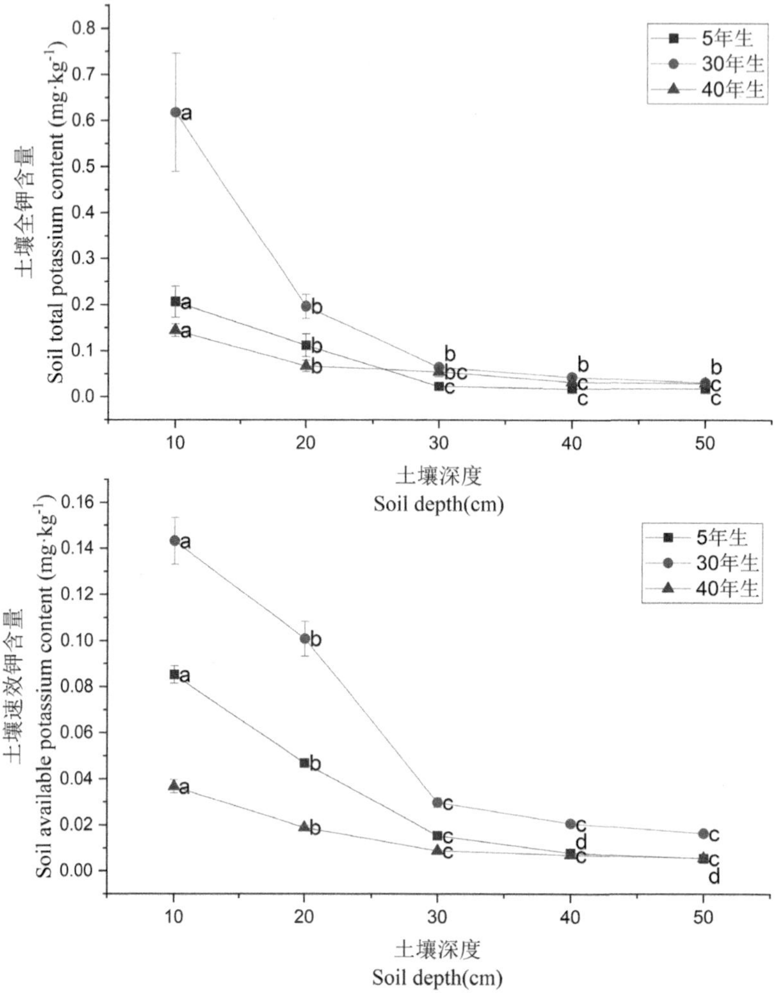

图4-6　不同林龄沙地云杉林土壤全钾和速效钾含量纵向变化

Fig 4-6　Vertical variation of soil totalpotassiumandavailablepotassium content in different ages of Picea mongolica forests

注：不同字母表示不同土壤深度间存在显著差异性。

随着土壤深度的增加，30年生林和40年生林土壤C/N和C/P呈显著下降趋势，而5年生林的C/N和C/P呈先上升后下降趋势，其中土壤C/N的峰值出现在30 cm土层，C/P的峰值出现在20 cm土层处。5年生林土壤N/P呈先显著下降后显著上升的趋势，其最低值出现在30 cm土层，30年生林N/P无显著变化，在40年生林中土壤N/P整体上呈上升趋势，但在40 cm土层处出现了一次显著的下降。（见图4-7）

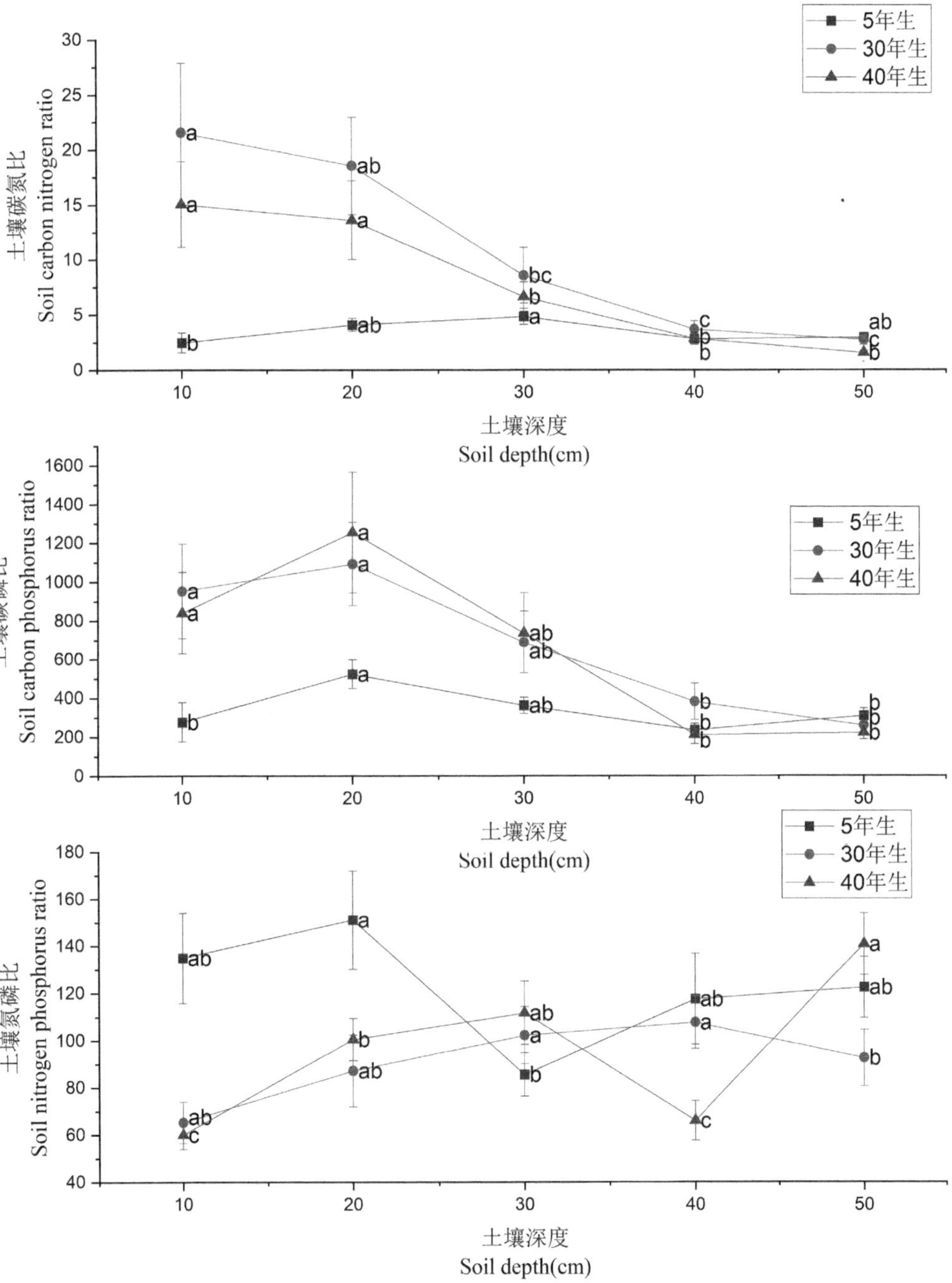

图4-7　不同林龄沙地云杉林土壤生态化学计量特征纵向变化

Fig 4-7　Vertical variation of soil ecological stoichiometry characteristics in different ages of Picea mongolica forests

注：不同字母表示不同土壤深度间存在显著差异性。

4.2 凋落物处理时间和林龄对土壤养分含量和生态化学计量特征的影响

除5年生林0~10 cm土层和40年生林的10~20 cm土层土壤TOC含量随着凋落物处理时间的增加呈显著下降趋势外，其余条件下，随着处理时间的增加，土壤TOC含量均呈先显著上升而后显著下降的趋势，其峰值通常出现在处理时间为8个月或10个月的情况下。说明通常在凋落物处理的8~10个月，沙地云杉林对土壤TOC的固持作用最强。除凋落物处理的第8个月时5年生林30~50 cm土壤TOC含量显著高于30年生林外，其余条件下30年生林土壤TOC含量均显著高于其他两林龄沙地云杉林土壤或与其他两林龄土壤TOC含量无显著差异，这说明相较于其他两林龄沙地云杉林土壤，30年生林土壤对TOC的固持能力更强。整体来看，对30年生林土壤进行8月的凋落物处理可以最大限度地固持土壤TOC。（见图4-8）

随着凋落物处理的进行，各林龄沙地云杉林中各层土壤TN含量均表现为先上升而后下降的趋势，其中5年生林土壤TN峰值出现在处理的6~8个月；30年生林土壤TN峰值出现在凋落物处理的8~10个月时，40年生林土壤TN含量峰值出现在凋落物处理的第10个月。在0~20 cm土层，凋落物处理时间为6~8个月时，5年生林土壤TN含量显著高于其他两林龄下土壤，而在处理时间为第10个月时，30年生林土壤TN含量显著高于5年生林和40年生林，在20~30 cm土层，除第10个月处理后30年生林和40年生林土壤TN含量无显著差异外，其余情况下30年生林含量最高。而在30~40 cm土层5年生林经10个月凋落物处理土壤TN含量最高。处理4个月土壤TN平均含量40年生林（18.32 mg/kg）>5年生林（17.87 mg/kg）>30年生林（15.96 mg/kg）。处理12个月土壤TN平均含量5年生林（23.04 mg/kg）>40年生林（18.01 mg/kg）>30年生林（15.72mg/kg）。处理6个月三种林龄沙地云杉林土壤TN平均含量5年生林（37.95 mg/kg）>30年生林（30.96 mg/kg）>40年生林（28.73 mg/kg）。处理8个月土壤TN平均含量5年生林（38.37 mg/kg）>30年生林（31.61 mg/kg）>40年生林（28.82 mg/kg）。处理10个月土壤TN平均含量30年生林（46.62 mg/kg）>40年生林（38.24 mg/kg）>5年生林（29.66 mg/kg）。

整体来看，对5年生林进行6~8个月的凋落物处理，或对30年生林进行10个月的凋落物处理可有效积累土壤TN含量。（见图4-9）

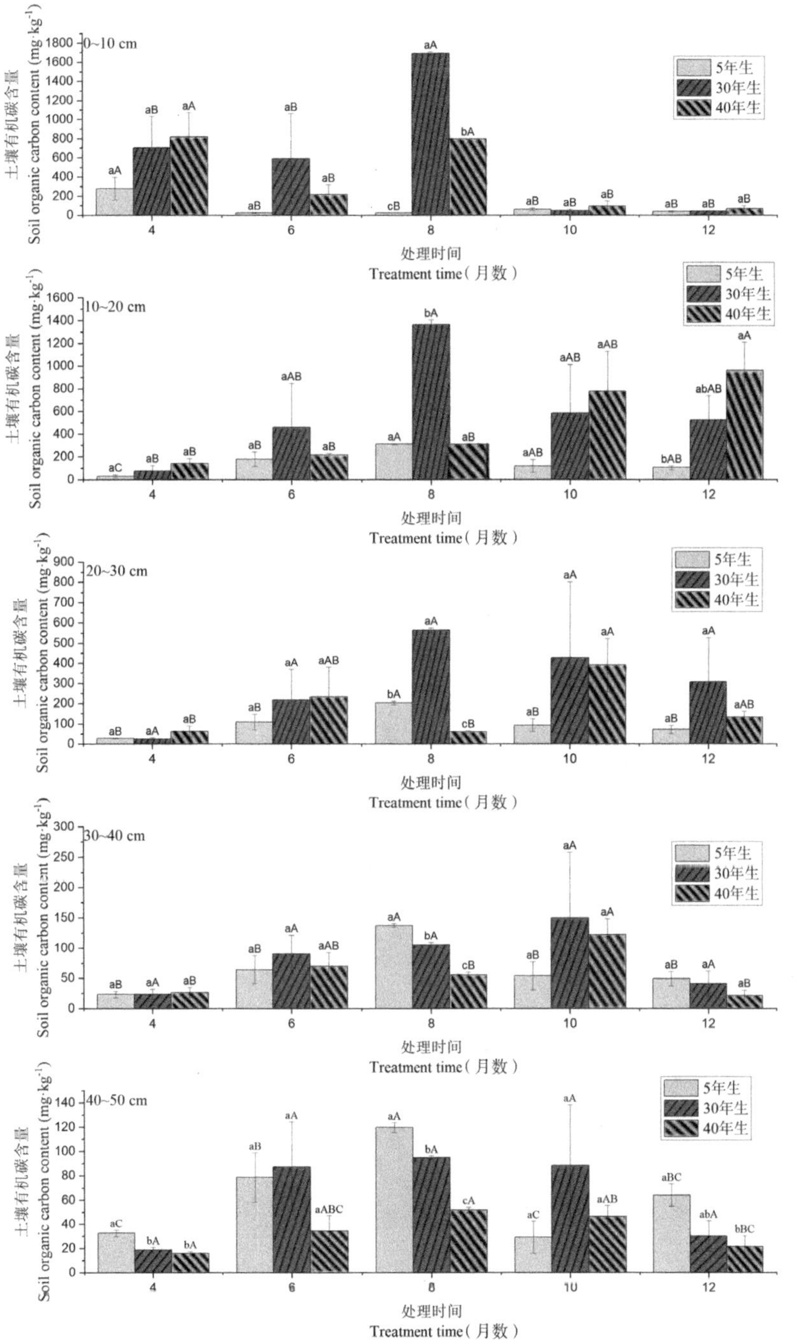

图4-8　处理时间和林龄对各土层沙地云杉林土壤总有机碳含量影响

Fig 4-8　Effects of treatment time and forest age on soil total organic carbon content of Picea mongolica of soil layers

注：不同大写字母表示不同处理时间存在显著差异性，不同小写字母表示不同林龄间存在显著差异，下同。

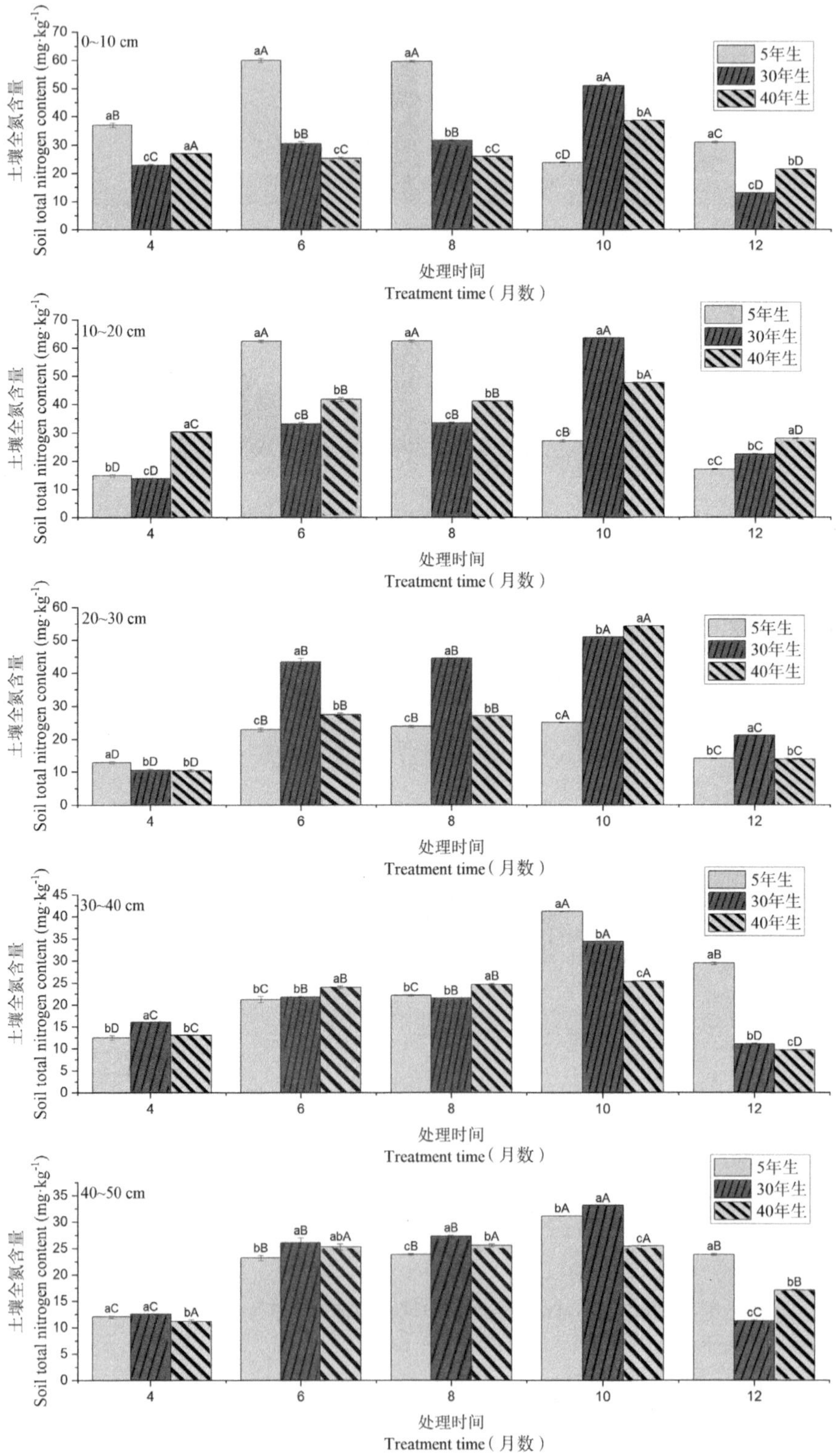

图4-9　处理时间和林龄对各土层沙地云杉林土壤全氮含量影响

Fig 4-9　Effects of treatment time and forest age on soil totalnitrogen content of Picea mongolica of soil layers

随着凋落物处理的进行，5年生林和30年生林0～20 cm土壤NH_4^+-N含量呈显著下降趋势，20 cm以下土壤随着凋落物处理的进行无显著变化；40年生林土壤NH_4^+-N呈先上升后下降的趋势，土壤NH_4^+-N的峰值通常出现在处理第8个月。5年生林在凋落物处理4～6个月0~20 cm土壤NH_4^+-N含量显著高于其他两林龄下土壤；而在处理7～12个月40年生林土壤NH_4^+-N通常显著高于其他两林龄下土壤；20～50 cm土壤NH_4^+-N含量无显著变化规律。凋落物处理10个月，土壤NH_4^+-N平均含量5年生林（0.11 mg/kg）>30年生林（0.07 mg/kg）>40年生林（0.04 mg/kg）。凋落物处理12个月三种林龄沙地云杉林土壤NH_4^+-N最大值均出现在0~20 cm土层，土壤NH_4^+-N平均含量40年生林（0.09 mg/kg）>30年生林（0.04 mg/kg）>5年生林（0.03 mg/kg）。凋落物处理6个月土壤NH_4^+-N平均含量5年生林（0.11 mg/kg）>30年生林（0.06 mg/kg）>40年生林（0.05 mg/kg）。凋落物处理8个月土壤NH_4^+-N平均含量表现为40年生林（0.176 mg/kg）>5年生林（0.154 mg/kg）>30年生林（0.119 mg/kg）。凋落物处理10个月土壤NH_4^+-N平均含量30年生林（0.06 mg/kg）>40年生林（0.05 mg/kg）>5年生林（0.03 mg/kg）。整体来看，凋落物处理8个月的40年生林土壤NH_4^+-N含量最高。（见图4-10）

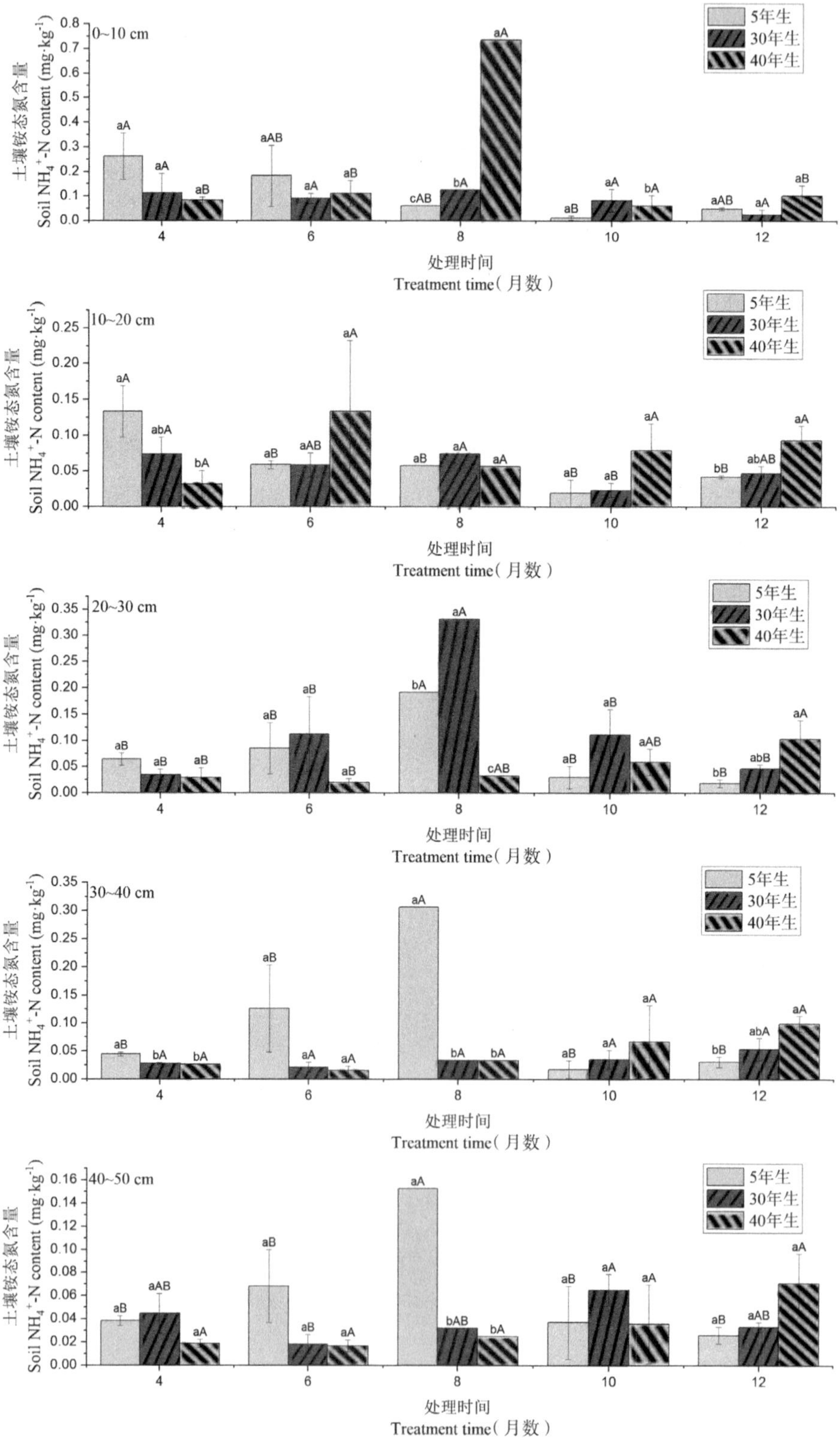

图4-10　处理时间和林龄对各土层沙地云杉林土壤铵态氮含量影响

Fig 4-10　Effects of treatment time and forest age on soil NH_4^+-N content of Picea mongolica of soil layers

随着凋落物处理时间的增加，各林龄沙地云杉林0~20 cm土层土壤NO_3^--N含量呈先上升而后下降的情况，其中5年生林NO_3^--N含量峰值出现在处理后的第8个月，30年生林土壤NO_3^--N峰值出现在处理后的第10个月，而40年生林土壤NO_3^--N峰值出现在处理后第6个月，20~50 cm土层土壤NO_3^--N无显著规律，但处理4个月和12个月后土壤NO_3^--N含量均显著低于其他土壤。在处理时间一致的情况下，不同林龄云杉林0~20 cm土壤NO_3^--N差异表现为除凋落物处理8个月5年生林土壤NO_3^--N含量显著高于其他两林龄土壤外，其余处理时间下40年生林林下土壤NO_3^--N含量均显著高于其他林龄沙地云杉林。处理4个月土壤NO_3^--N平均含量40年生林（14.23 mg/kg）>30年生林（13.58 mg/kg）>5年生林（12.64 mg/kg）。处理12个月土壤NO_3^--N平均含量40年生林（22.86 mg/kg）>30年生林（14.83 mg/kg）>5年生林（14.23 mg/kg）。处理6个月土壤NO_3^--N平均含量40年生林（34.99 mg/kg）>30年生林（29.14 mg/kg）>5年生林（27.04 mg/kg）。处理8个月土壤NO_3^--N平均含量5年生林（35.20 mg/kg）>30年生林（29.83 mg/kg）>40年生林（25.18 mg/kg）。处理10个月土壤NO_3^--N平均含量30年生林（36.85 mg/kg）>40年生林（29.37 mg/kg）>5年生林（24.83 mg/kg）。其中，对5年生林土壤进行8个月的凋落物处理土壤NO_3^--N含量最高。（见图4-11）

随着凋落物处理时间的推进，各土层土壤TP含量呈先上升后下降趋势，在0~20 cm土层土壤TP含量的峰值出现在处理后的第8个月；而在20~50 cm土层中土壤TP含量峰值分布在处理的6~10个月。在处理时间相同的同深度土壤中，0~20 cm深度土壤TP含量30年生林>40年生林>5年生林；在20~30 cm和40~50 cm土壤中30年生林土壤仍具有最高的TP含量，而在30~40 cm层，30年生林土壤TP含量最低。整体来说，对30年生林进行8个月的凋落物处理可以显著提高土壤TP含量。（见图4-12）

随着凋落物处理的进行，30年生林和40年生林沙地云杉0~20 cm土层土壤速效P含量呈先上升后下降的趋势，其峰值出现在处理的第8个月，此两种林龄20~30 cm土层土壤随着凋落物的分解速效P含量无显著变化；而5年生林在0~20 cm土层土壤速效P含量均表现为先下降后上升趋势，其最低值出现在处理的第8个月，在20~30 cm土层中土壤速效P含量表现为先上升后下降趋势，其峰值出现在处理的第8个月。除处理的第8个月5年生林10~40 cm土层土壤速效P显著高于40年生林外，在其余情况其他处理相同的情况下40年生林土壤速效P均显著高于5年生林。整体来看，对30年生林进行8个月的凋落物处理或对40年生林进行12个月的处理后的土壤速效P含量最高。（见图4-13）

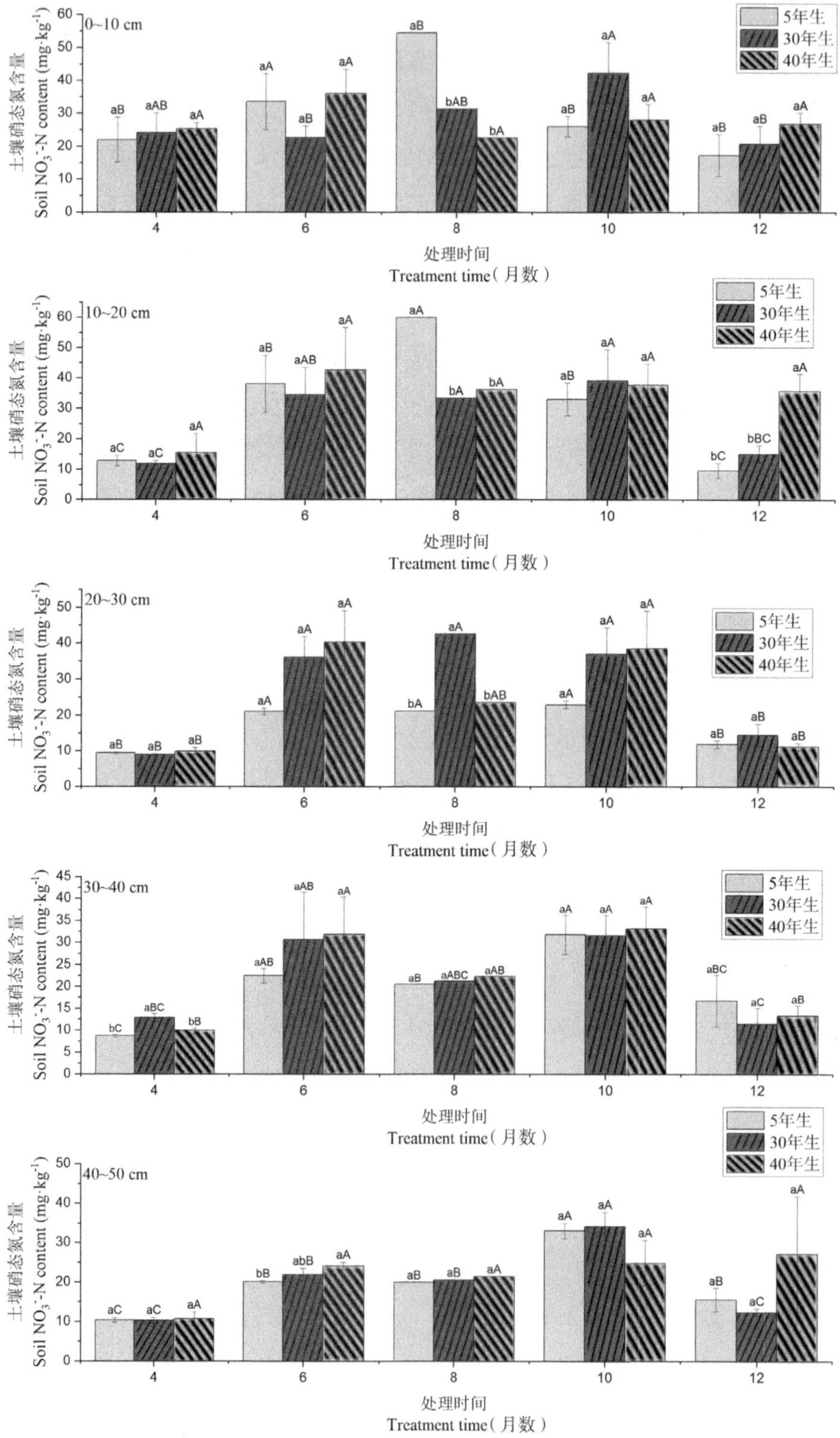

图4-11　处理时间和林龄对各土层沙地云杉林土壤硝态氮含量影响

Fig 4-11　Effects of treatment time and forest age on soil NO_3^--N content of Picea mongolica of soil layers

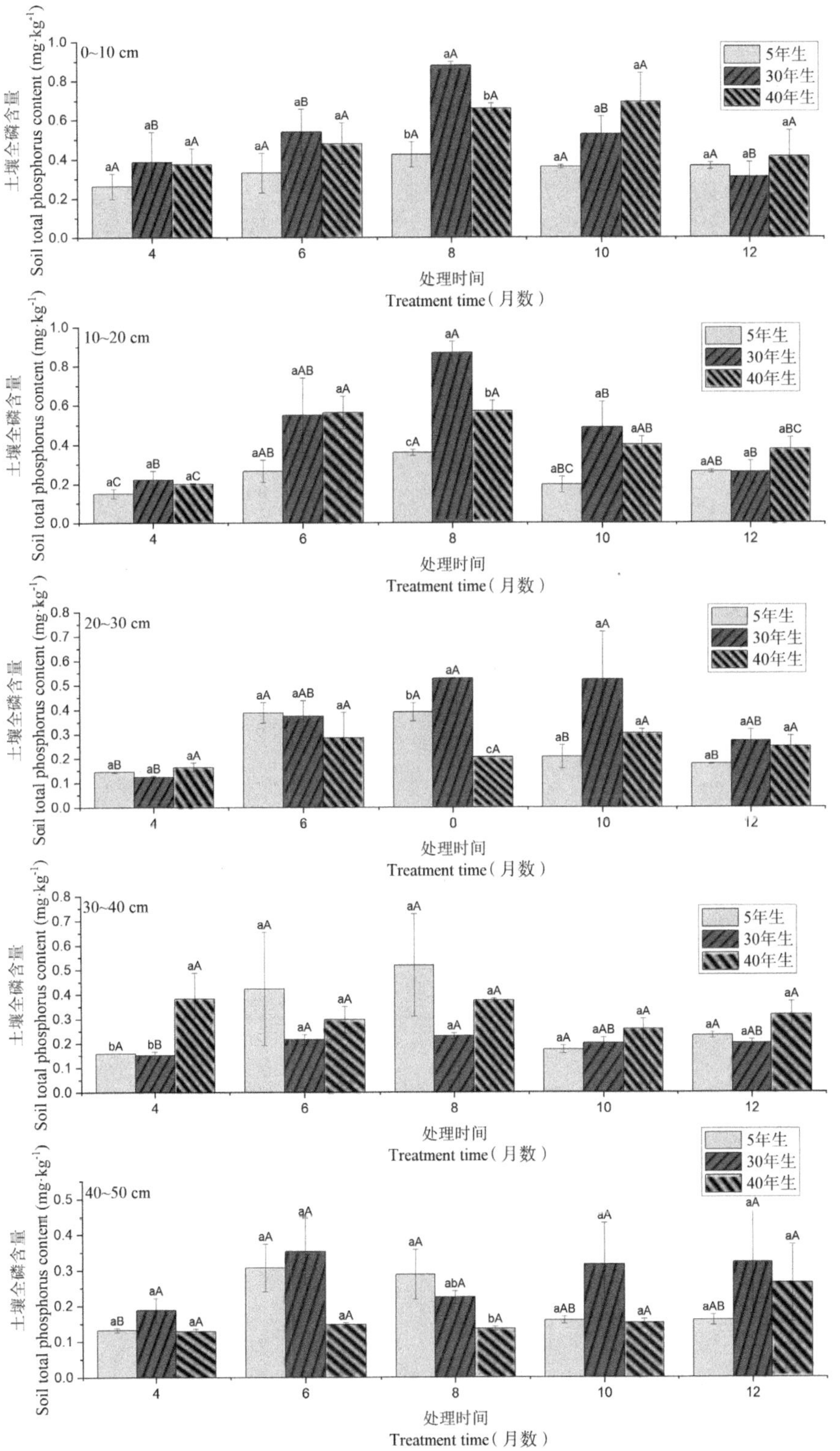

图4-12　处理时间和林龄对各土层沙地云杉林土壤全磷含量影响

Fig 4-12　Effects of treatment time and forest age on soil total phosphorus content of Picea mongolica of soil layers

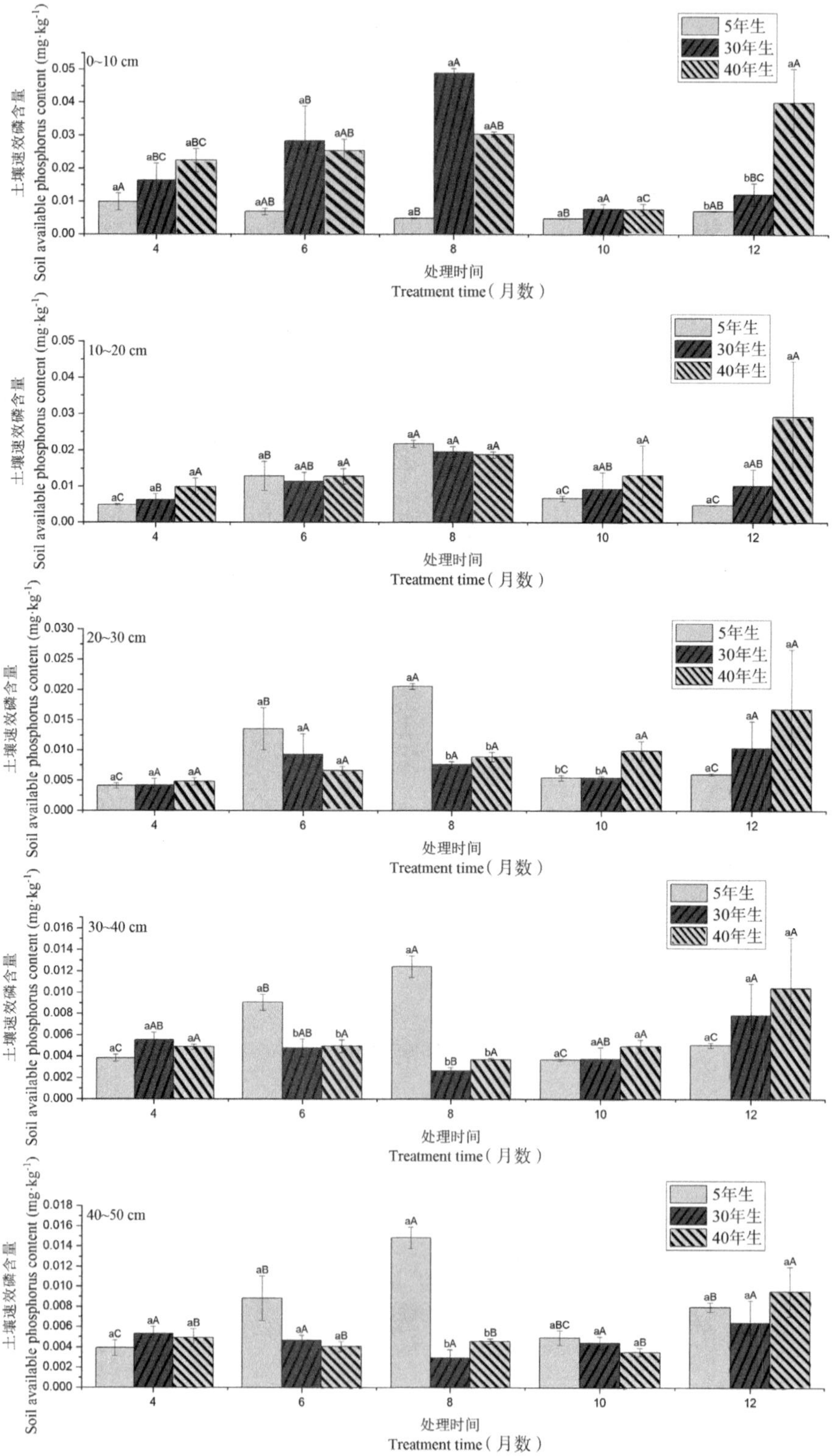

图4-13　处理时间和林龄对各土层沙地云杉林土壤速效磷含量影响

Fig 4-13　Effects of treatment time and forest age on soil availablephosphorus content of Picea mongolica of soil layers

除凋落物处理12个月后5年生林0～10 cm土壤总有机P显著高于30年生林和40年生林和凋落物处理12个月后10～20 cm和30～40 cm土壤总有机P含量表现为40年生林>5年生林>30年生林外，其余处理中5年生林土壤总有机P含量均显著低于其他两林龄下沙地云杉土壤。随着凋落物处理的进行，沙地云杉土壤总有机P含量均表现为先上升后下降的趋势，其峰值均出现在凋落物处理6～8个月后（即2017年5—7月）。整体来看，对30年生林进行8个月的凋落物处理后土壤有效P含量最高。（见图4-14）

随着处理时间的增加，各林龄各土层土壤$NaHCO_3$-P_o含量均呈先上升后下降趋势，其峰值主要集中于凋落物处理后6~8个月（即2017年5—7月）。而在凋落物处理时间为4个月的情况下，0～20 cm土壤$NaHCO_3$-P_o含量表现为5年生林<30年生林<40年生林；在凋落物处理6~10个月后，30年生林0~20 cm土壤$NaHCO_3$-P_o含量显著高于5年生林和40年生林0~20 cm土壤；深层土壤（20~30 cm土层）$NaHCO_3$-P_o含量无显著变化规律。对30年生林或40年生林进行8个月凋落物处理后土壤具有最高的土壤有机P含量。（见图4-15）

随着处理时间的增加，各林龄各土层土壤NaOH-P_o含量呈先上升后下降趋势，其峰值主要出现在处理后的6~10个月。处理前期30年生林0~20 cm土壤NaOH-P_o含量显著高于相同土层的5年生林和40年生林土壤；处理后10~12个月5年生林0~20 cm土壤NaOH-P_o含量均显著低于40年生林土壤；而在20~50 cm土层中，土壤NaOH-P_o含量差异并无明显趋势。整体上来看，对30年生林进行6个月的凋落物处理可以显著提高土壤NaOH-P_o含量。（见图4-16）

除40~50 cm土层土壤随着处理时间的增加30年生林和40年生林土壤无机P含量呈上升趋势外，各林龄土壤无机P含量均呈先上升后下降趋势，其峰值主要集中于凋落物处理时间为8个月的情况。在0~20 cm土层30年生林和40年生林土壤无机P含量显著高于5年生林土壤，在30~50 cm土层中不同林龄沙地云杉林土壤无机P含量无明显规律。整体来看，对30年生林或40年生林进行8个月凋落物处理可显著提高沙地云杉林无机P含量。（见图4-17）

随着处理时间的增加，土壤H_2O-P_i含量呈先上升后下降的趋势，其峰值主要分布于处理时间为8个月的情况。在土壤深度和凋落物处理时间相同的情况下，5年生林土壤H_2O-P_i含量显著高于其他两林龄土壤或与二者无显著差异。整体来看，对5年生林进行8个月的凋落物处理可显著提高土壤H_2O-P_i含量。（见图4-18）

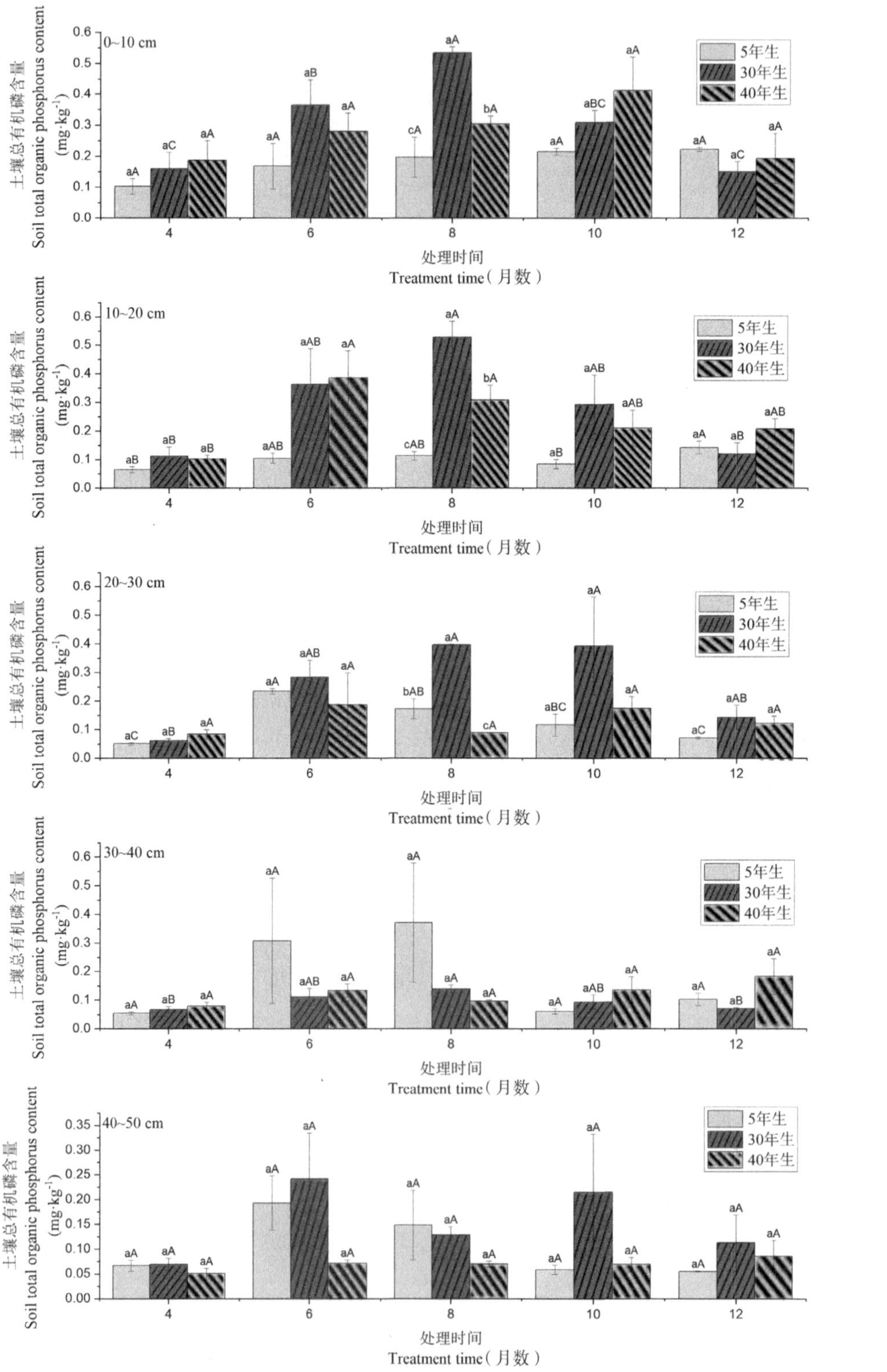

图4-14 处理时间和林龄对各土层沙地云杉林土壤有机磷含量影响

Fig 4-14 Effects of treatment time and forest age on soil organicphosphorus content of Picea mongolica of soil layers

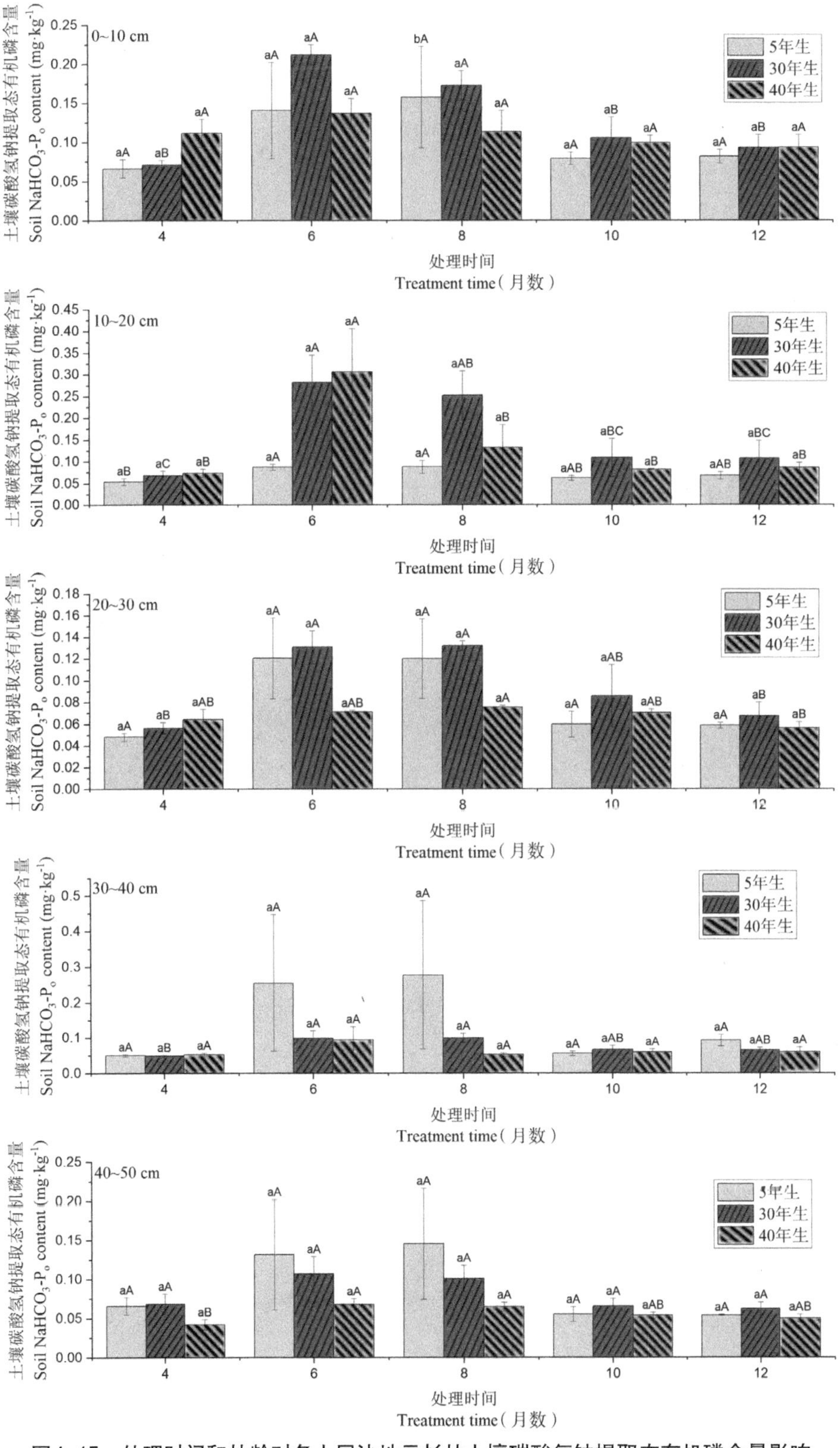

图4-15　处理时间和林龄对各土层沙地云杉林土壤碳酸氢钠提取态有机磷含量影响

Fig 4-15　Effects of treatment time and forest age on soil $NaHCO_3$-Po content of Picea mongolica of soil layers

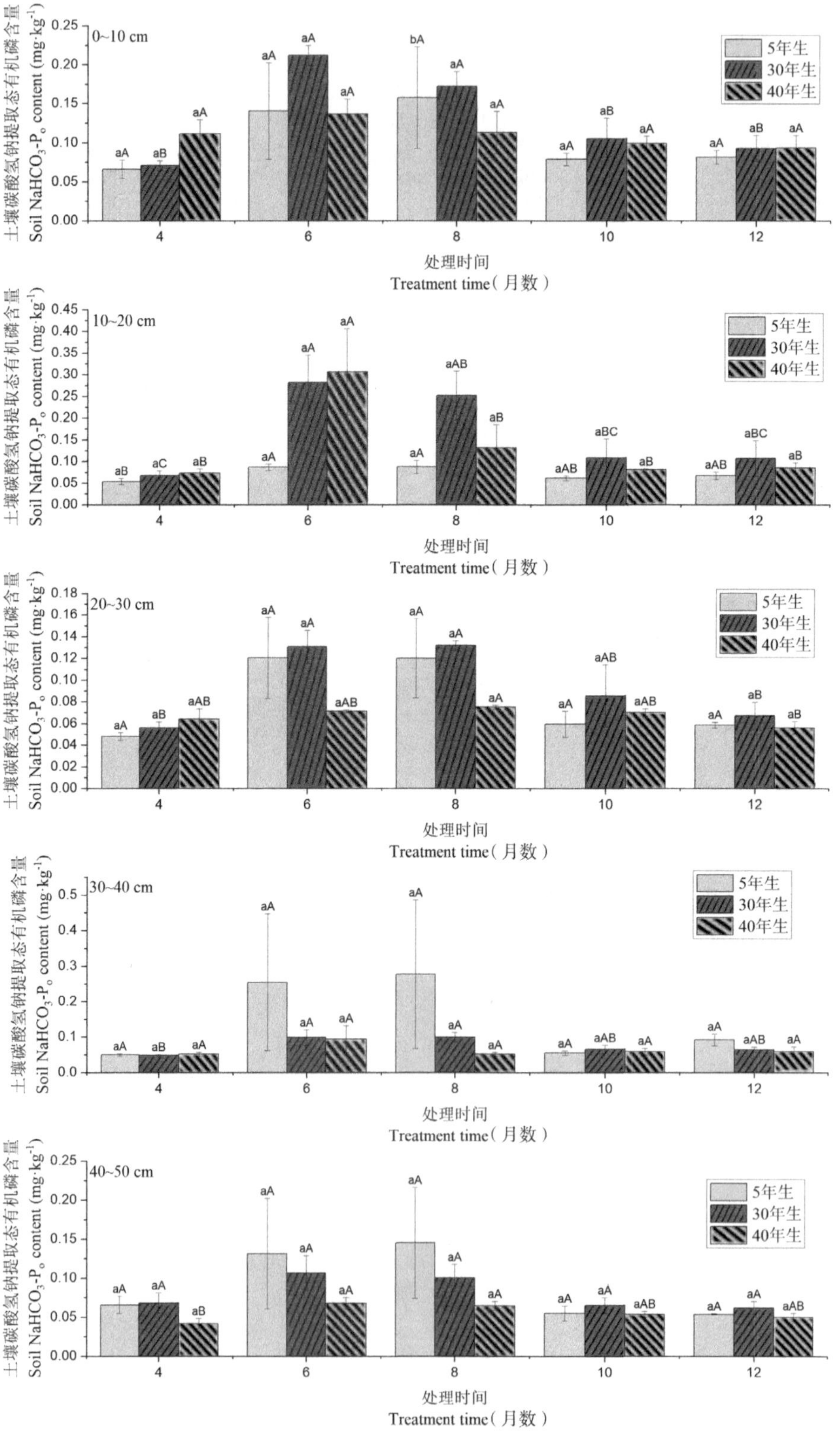

图4-16 处理时间和林龄对各土层沙地云杉林土壤氢氧化钠提取态有机磷含量影响

Fig 4-16 Effects of treatment time and forest age on soil NaOH-Po content of Picea mongolica of soil layers

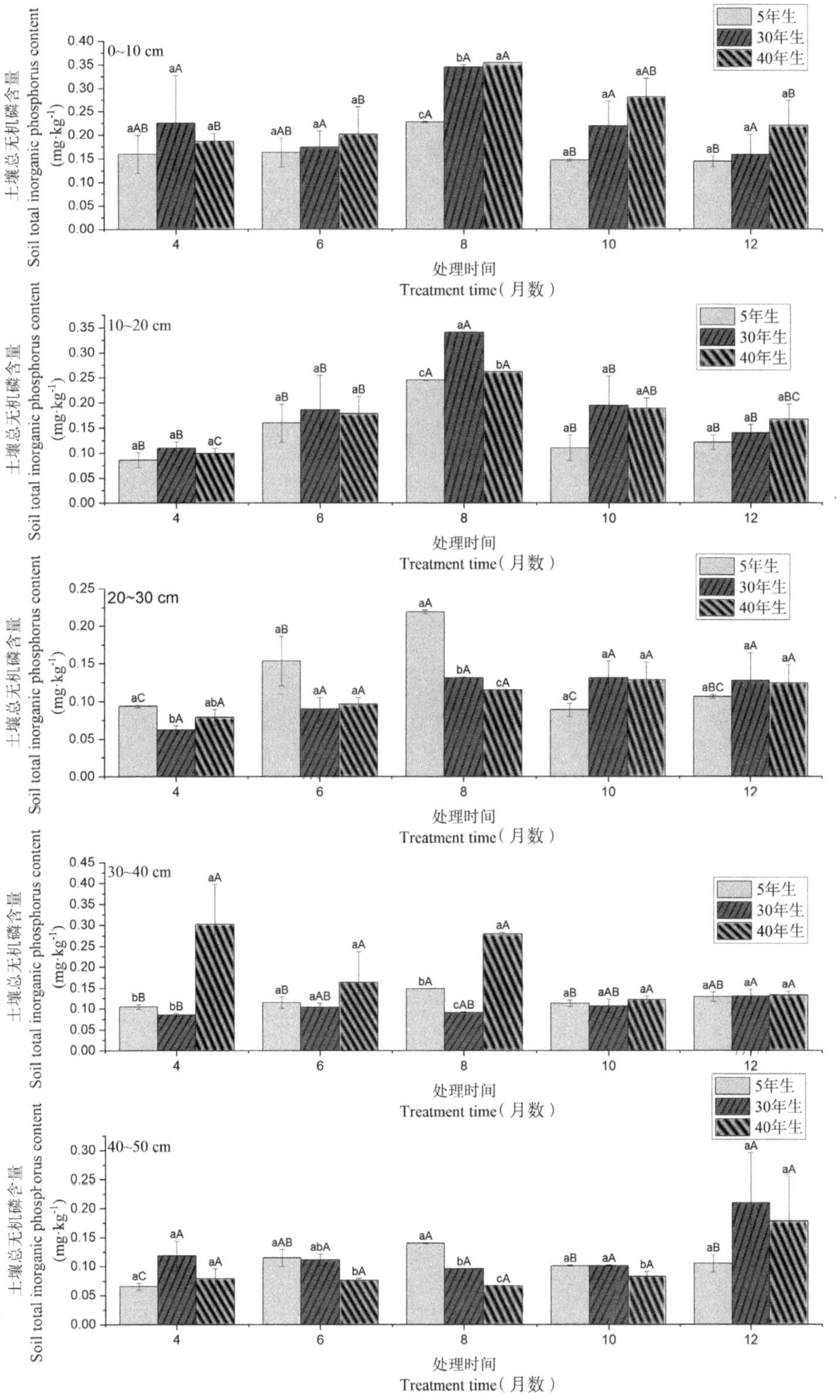

图4-17　处理时间和林龄对各土层沙地云杉林土壤无机磷含量影响

Fig 4-17　Effects of treatment time and forest age on soil inorganic phosphorus content of Picea mongolica all of soil layers

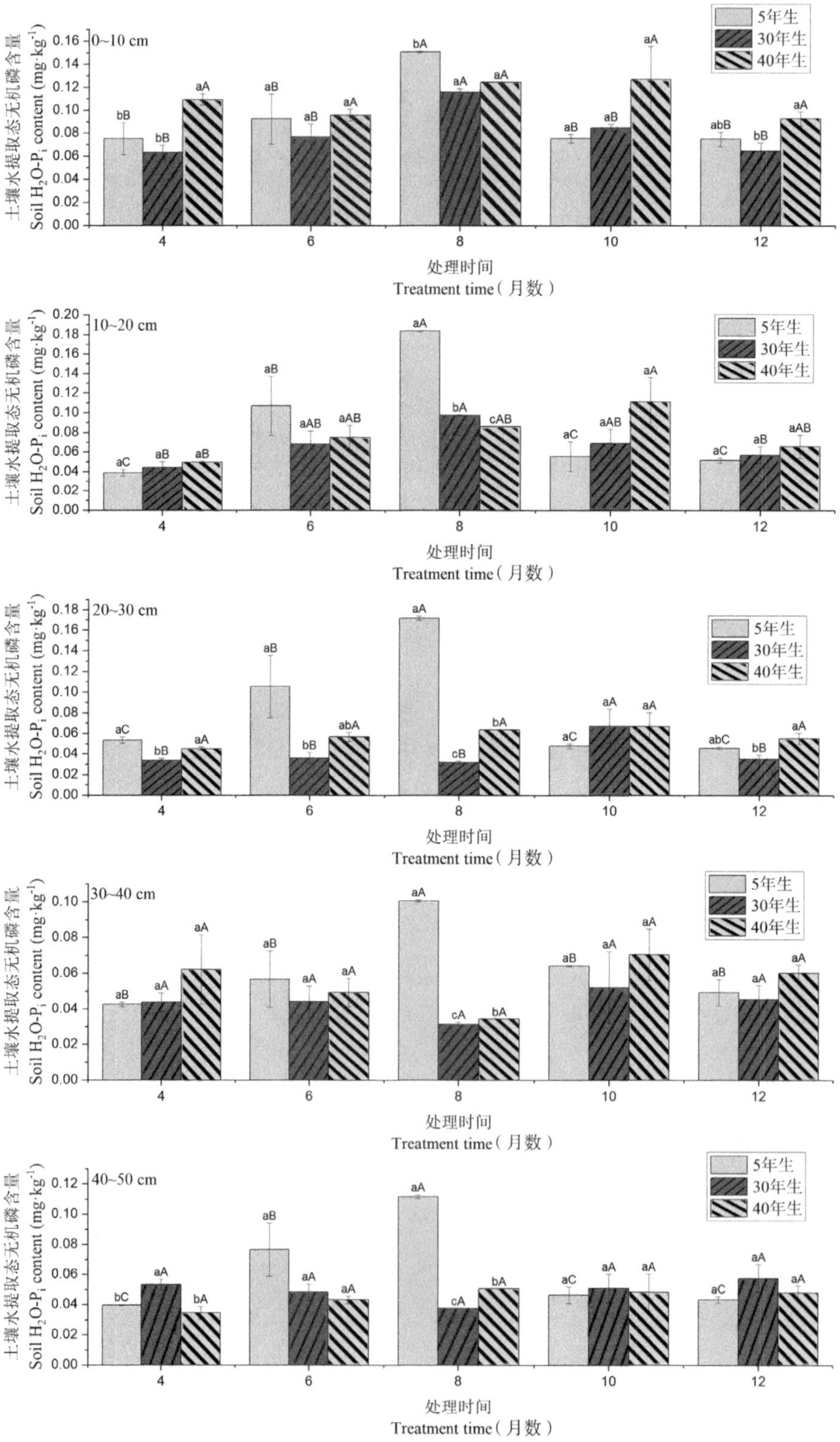

图4-18　处理时间和林龄对各土层沙地云杉林土壤水提取态无机磷含量影响

Fig 4-18　Effects of treatment time and forest age on soil H_2O-P_i content of Picea mongolica of soil layers

随着凋落物处理时间的增加，各林龄0~20 cm土层土壤$NaHCO_3$-P_i含量均呈先下降而后上升的趋势，其最低值主要集中于凋落物处理时间为6~10个月期间，更深层土壤$NaHCO_3$-P_i含量无显著变化规律。除凋落物处理时间为6个月土壤$NaHCO_3$-P_i含量在各林龄土壤中差异无明显规律外，其余凋落物处理时间在0~20 cm土层中30年生林土壤$NaHCO_3$-P_i含量均显著高于5年生林和40年生林土壤。整体来说对30年生林进行8~10个月的凋落物处理或对40年生林进行10个月处理后的土壤具有最高的$NaHCO_3$-P_i含量。（见图4-19）

随着凋落物处理时间的增加，各林龄0~50 cm土层土壤NaOH-P_i含量均呈先下降而后上升的趋势，其最低值主要集中于凋落物处理时间为8~10个月期间。处理相同时间的不同林龄土壤NaOH-P_i含量差异无明显规律，但30年生林土壤NaOH-P_i含量均显著高于40年生林土壤。整体来看，对5年生林进行12个月的凋落物处理后土壤NaOH-P_i含量最高，对40年生林进行8个月的凋落物处理后土壤NaOH-P_i含量最低。（见图4-20）

在0~20 cm土层中，随着凋落物处理时间的增加，各林龄土壤HCl-P_i含量呈先下降后上升趋势，其最低值出现在处理后的6~8个月。除处理时间为6~10个月的0~10 cm土壤中HCl-P_i含量表现为40年生林＞30年生林＞5年生林外，10~20 cm土层中HCl-P_i含量均表现为30年生林显著高于5年生林和40年生林。整体来说，对40年生林或对30年生林进行10个月的凋落物处理可显著提高土壤HCl-P_i含量。（见图4-21）

在0~20 cm土层中，各林龄土壤Res-P_i含量随着凋落物处理时间的增加呈先上升后下降的趋势，其峰值出现在处理时间为8个月的情况下；深层土壤无明显变化规律。处理时间为4个月时，0~20 cm土层残渣磷含量表现为30年生林显著高于5年生林和40年生林；剩余情况下0~20 cm层Res-P_i含量均表现为5年生林显著低于30年生林和40年生林，在20~30 cm和40~50 cm土壤中，30年生林土壤Res-P_i含量显著高于5年生林或与5年生林无显著差异。（见图4-22）

在0~10 cm土壤层，随着凋落物处理时间的增加，5年生林和40年生林土壤TK含量无显著变化；30年生林土壤TK含量先显著上升后显著下降，随后又发生了一次显著上升，两次峰值分别出现在处理时间为6个月和12个月时。在10~50 cm层，随着凋落物处理时间的增加三种林龄土壤TK含量均呈先上升后下降的趋势。在大多数情况下，30年生林土壤TK含量显著高于5年生林。整体来看，对30年生林进行12个月凋落物处理对维持土壤TK含量最为有利。（见图4-23）

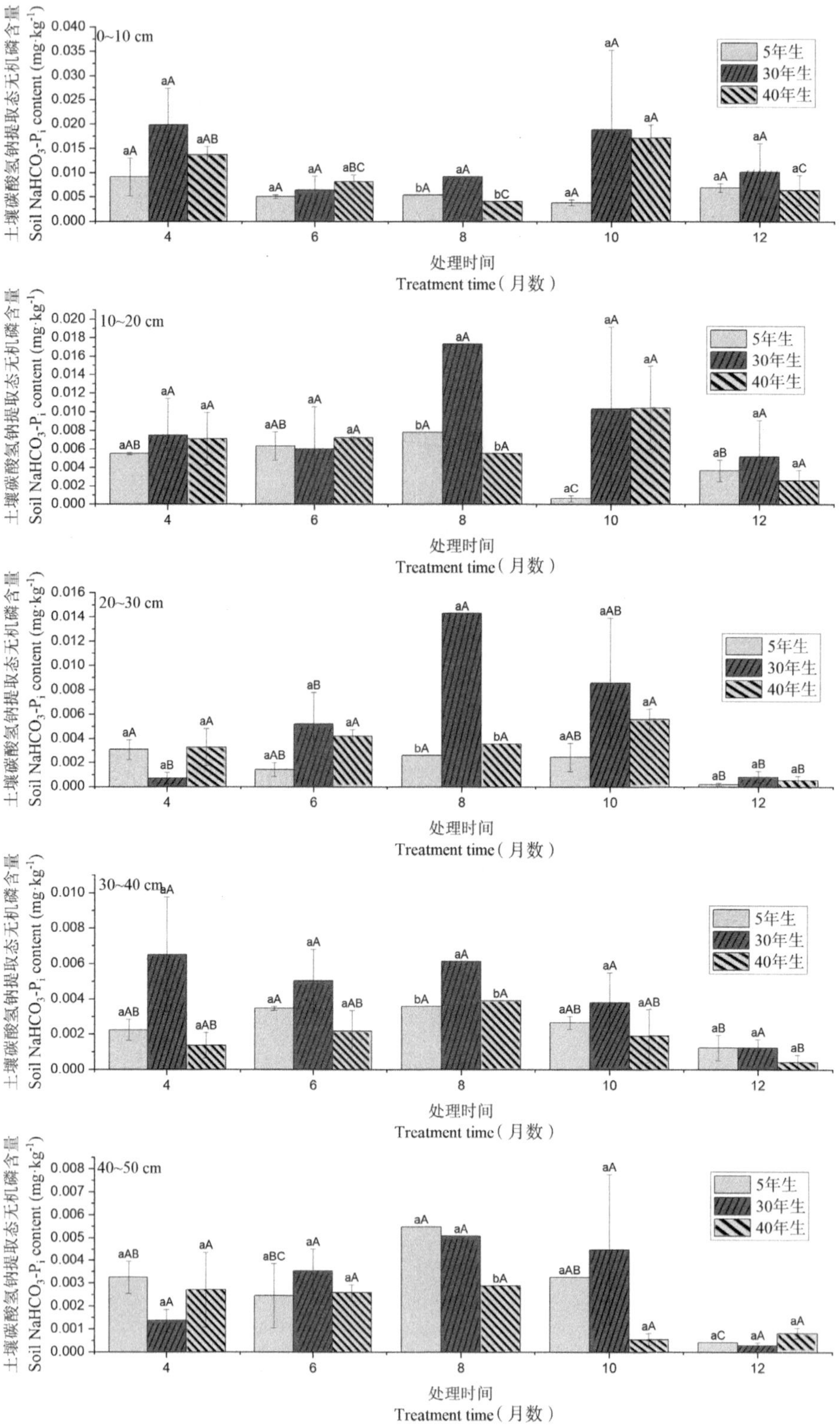

图4-19　处理时间和林龄对各土层沙地云杉林土壤碳酸氢钠提取态无机磷含量影响

Fig 4-19　Effects of treatment time and forest age on soil NaHCO$_3$-P$_i$ content of Picea mongolicaall of soil layers

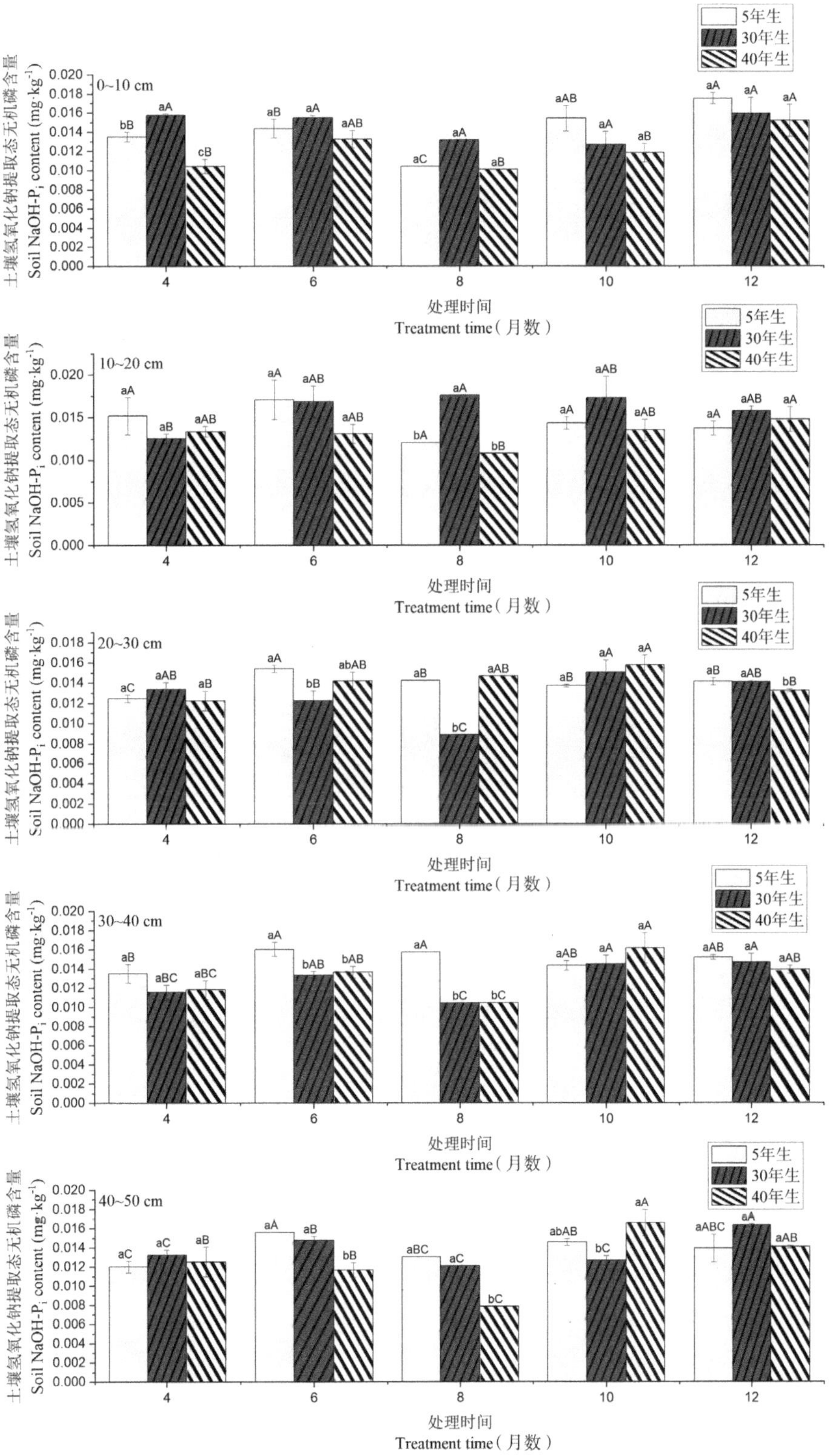

图4-20 处理时间和林龄对各土层沙地云杉林土壤氢氧化钠提取态无机磷含量影响

Fig 4-20 Effects of treatment time and forest age on soil NaOH-P$_i$ content of Picea mongolicaall of soil layers

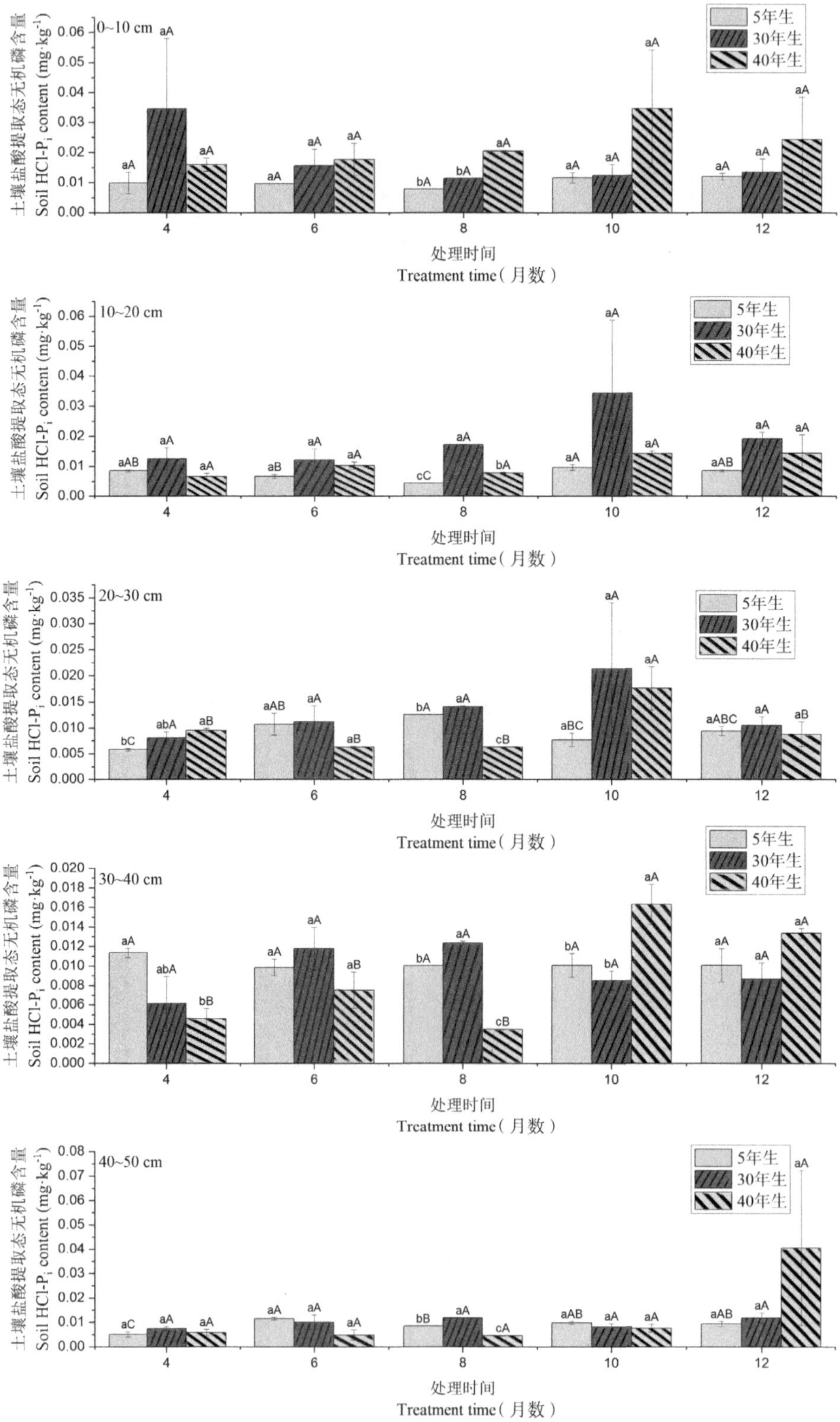

图4-21　处理时间和林龄对各土层沙地云杉林土壤盐酸提取态无机磷含量影响

Fig 4-21　Effects of treatment time and forest age on soil HCl-P$_i$ content of Picea mongolica all of soil layers

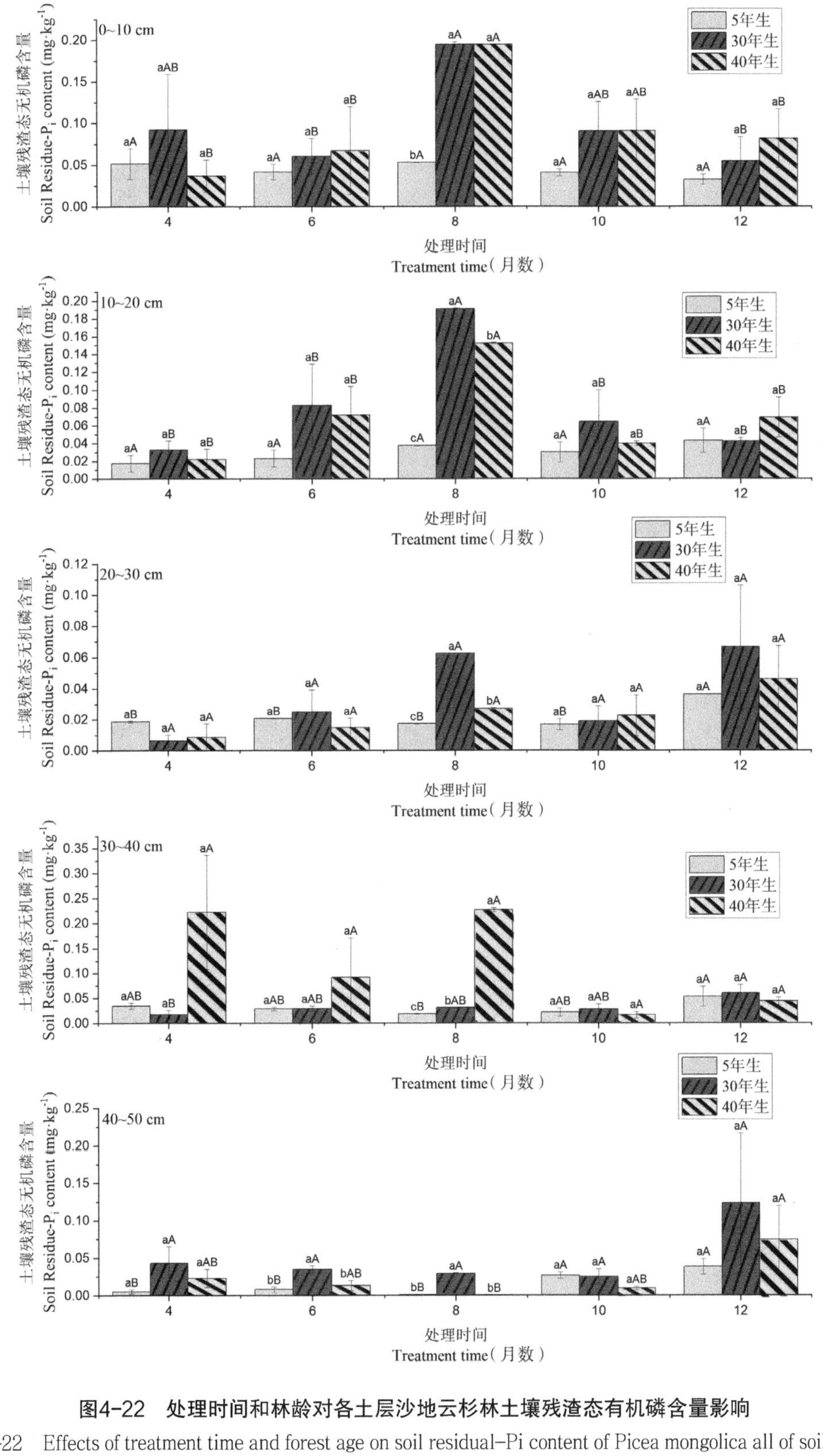

图4-22　处理时间和林龄对各土层沙地云杉林土壤残渣态有机磷含量影响

Fig 4-22　Effects of treatment time and forest age on soil residual-Pi content of Picea mongolica all of soil layers

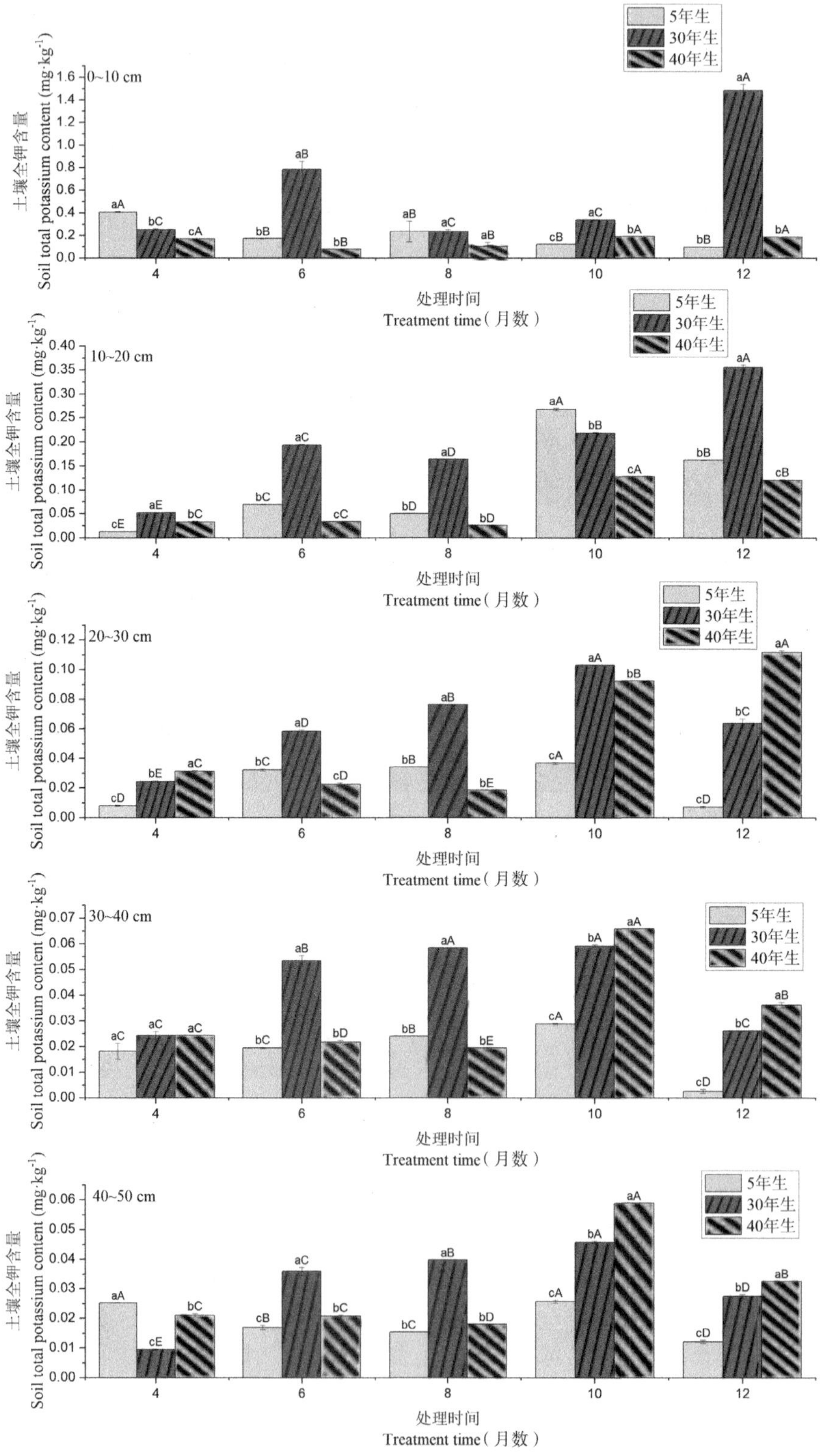

图4-23 处理时间和林龄对各土层沙地云杉林土壤全钾含量影响

Fig 4-23 Effects of treatment time and forest age on soil totalpotassium content of Picea mongolica all of soil layers

随着凋落物处理时间的增加，各林龄沙地云杉林各土层土壤速效K含量均表现为先上升后下降的趋势，土壤速效K的峰值主要集中于凋落物处理时间为6~8个月期间。在处理时间相同时，30年生林各土层土壤速效K含量均显著高于5年生林和40年生林土壤。对30年生林进行6~8个月的凋落物处理可以最大限度地提高土壤速效K含量。（见图4-24）

随着处理时间的增加，各林龄沙地云杉林不同土层土壤C/N呈先上升后下降趋势，土壤C/N的峰值主要集中于凋落物处理时间为8~12个月期间。在处理时间相同的情况下，5年生林土壤C/N普遍显著低于其他两林龄下的土壤。整体上来看，对5年生林进行6~8个月的凋落物处理，土壤C/N最低。（见图4-25）

在0~10 cm土壤层，各林龄土壤C/P随着凋落物处理时间呈下降趋势，而在10~20 cm层则呈上升趋势，在更深层土壤，其C/P呈先上升后下降趋势，其峰值主要出现在凋落物处理时间为8~10个月期间。除40~50 cm土层处理时间4个月和12个月5年生林土壤C/P显著高于30年生林土壤外，其他条件下30年生林土壤C/P均显著高于5年生林土壤。整体来说，30年生林和40年生林土壤C/P含量较高。（见图4-26）

在0~20 cm土壤层，30年生林土壤N/P呈先下降后上升趋势，其最低值主要分布在凋落物处理第8个月，而在5年生林和40年生林中土壤N/P呈先上升后下降趋势，其峰值主要分布在凋落物处理时间为6~10个月期间。在凋落物处理时间相同的情况下，5年生林中土壤N/P最高或与其他两林龄无显著差异。综上，对5年生林进行6~8个月的凋落物处理后的土壤N/P最高。（见图4-27）

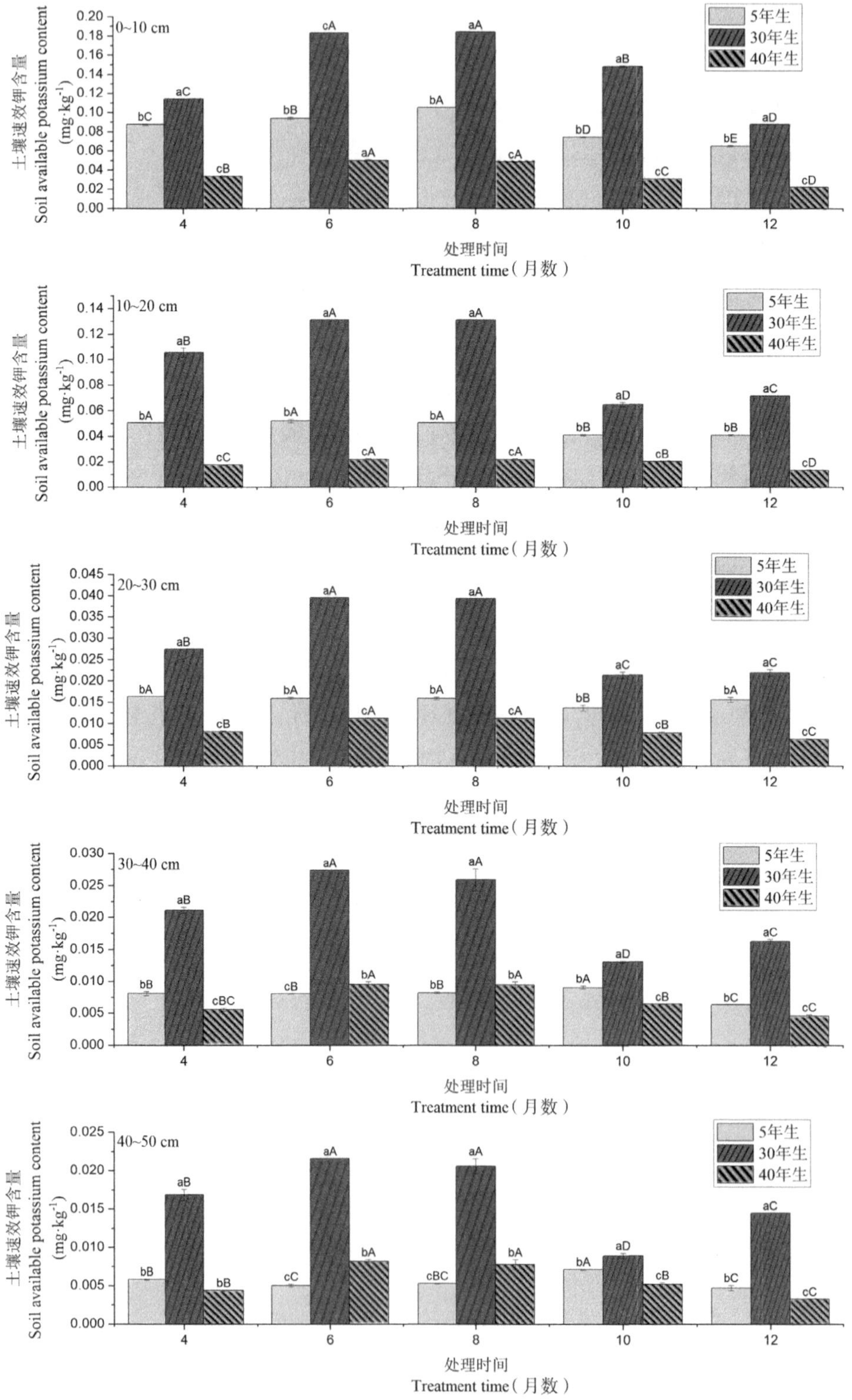

图4-24　处理时间和林龄对各土层沙地云杉林土壤速效钾含量影响

Fig 4-24　Effects of treatment time and forest age on soil availablepotassium content of Picea mongolica all of soil layers

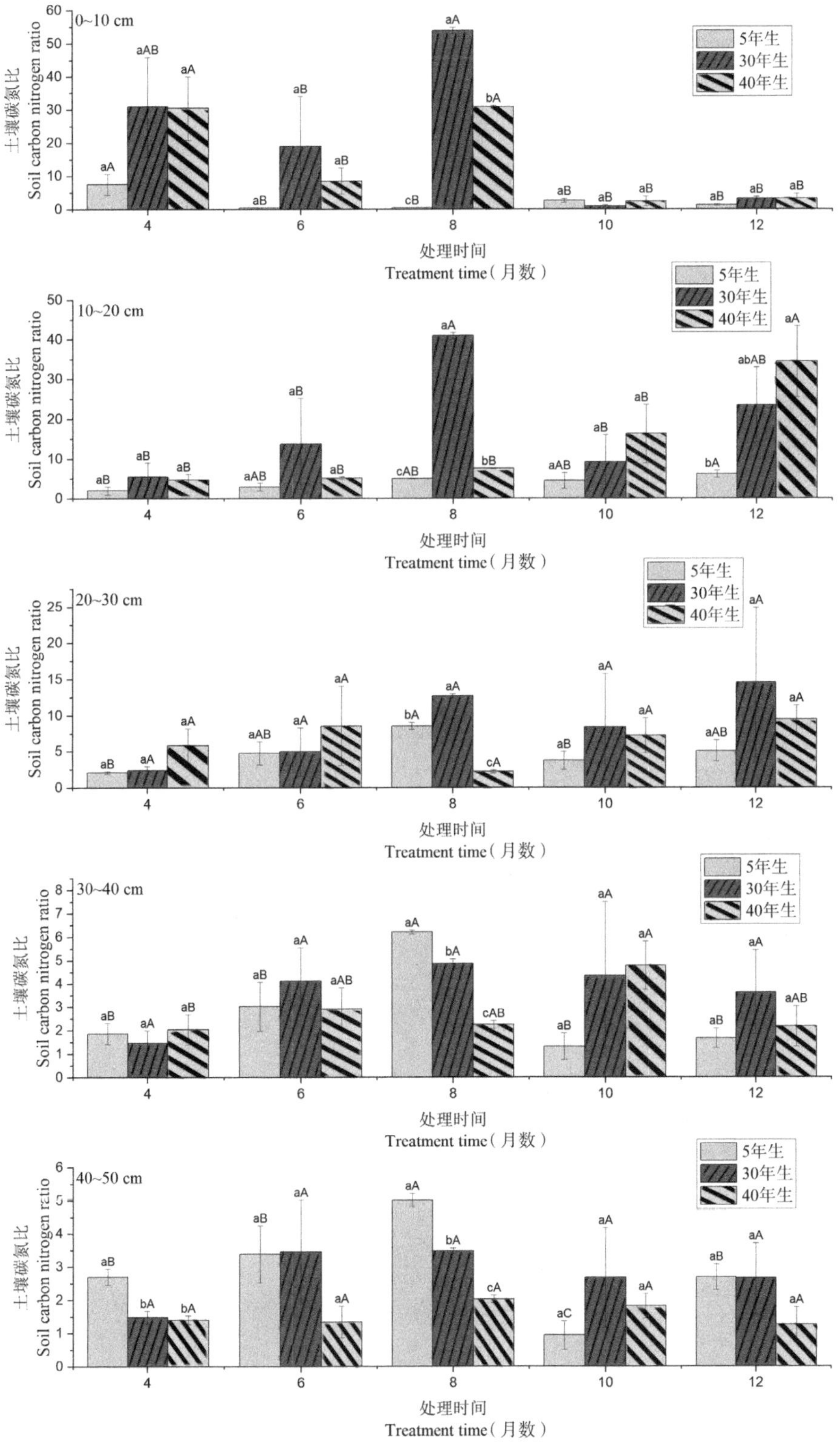

图4-25 处理时间和林龄对各土层沙地云杉林土壤碳氮比影响

Fig 4-25 Effects of treatment time and forest age on soil carbonnitrogenratio of Picea mongolica all of soil layers

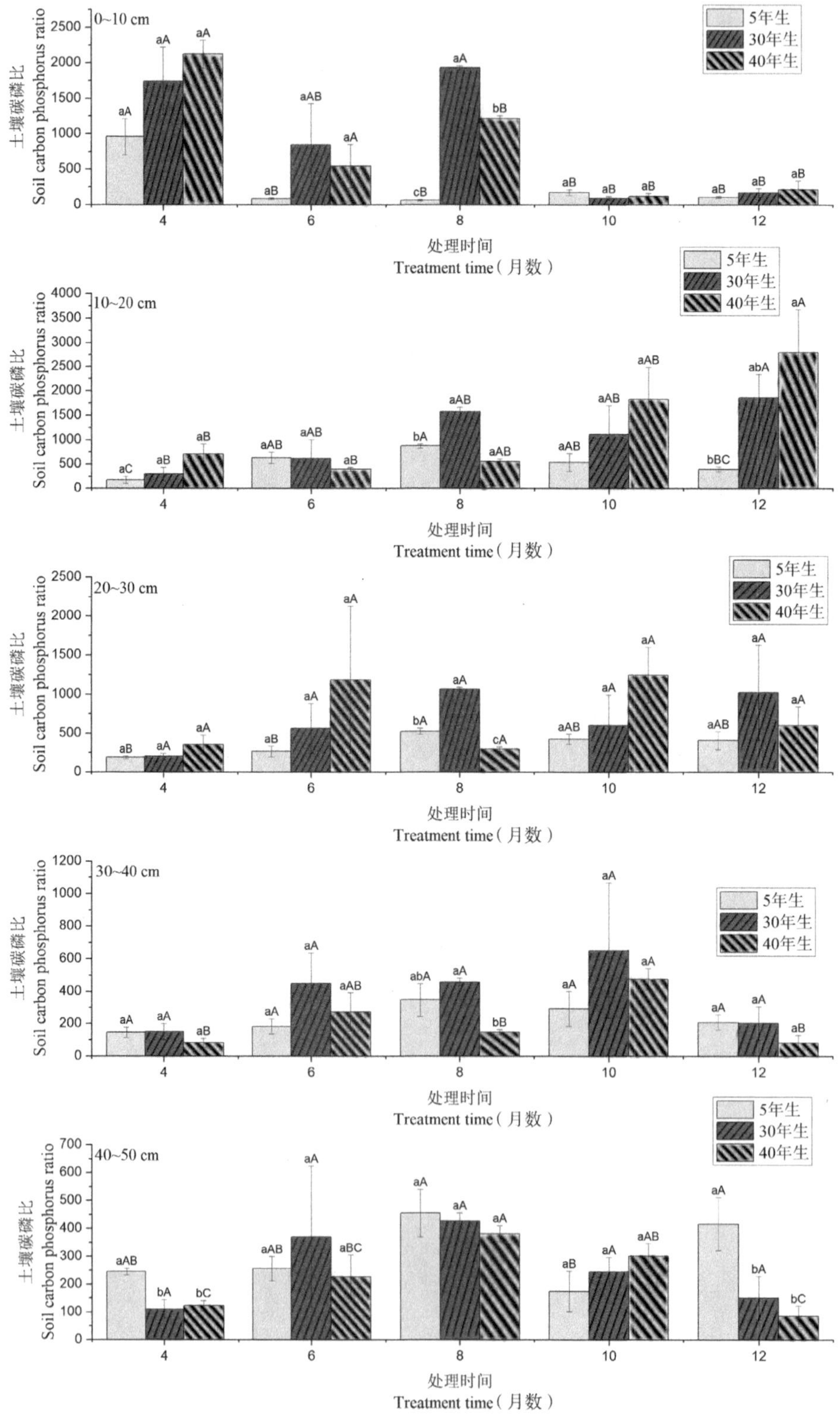

图4-26　处理时间和林龄对各土层沙地云杉林土壤碳磷比影响

Fig 4-26　Effects of treatment time and forest age on soil carbonphosphorusratio of Picea mongolica all of soil layers

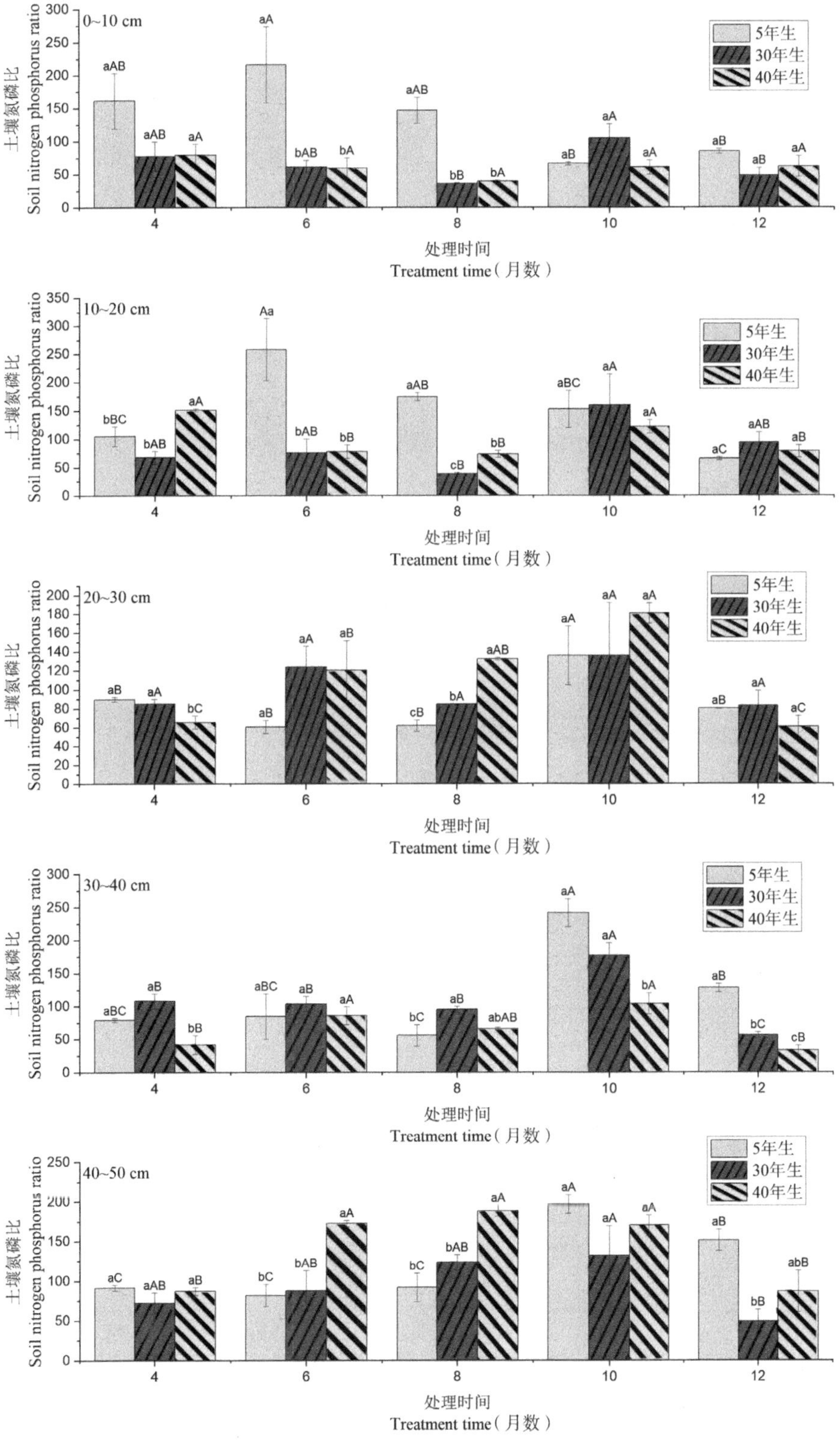

图4-27　处理时间和林龄对各土层沙地云杉林土壤氮磷比影响

Fig 4-27　Effects of treatment time and forest age on soilnitrogenphosphorusratio of Picea mongolica all of soil layers

4.3 处理条件和凋落物分解特征对土壤养分含量和生态化学计量特征的影响

从整体上来看，凋落物处理时间与$NaOH-P_o$、$NaOH-P_i$、$HCl-P_i$和TK含量呈显著正相关，与其他土壤养分含量特征无显著相关关系。

林龄与土壤TC、TP、速效P、总有机P、$NaOH-P_o$、总无机P、$HCl-P_i$、$Res-P_i$、土壤C/N和土壤C/P呈显著正相关，与H_2O-P_i、$NaOH-P_i$和土壤N/P呈显著负相关。

土壤深度和土壤pH均与土壤TC、TN、铵态N、硝态N、TP、速效P、总有机P、$NaHCO_3-P_o$、$NaOH-P_o$、总无机P、H_2O-P_i、$NaHCO_3-P_i$、$HCl-P_i$、$Res-P_i$、TK、速效K、土壤C/N和土壤C/P呈显著负相关；土壤深度与$NaOH-P_i$和土壤N/P无显著相关关系；土壤pH与土壤N/P呈显著正相关，与$NaOH-P_i$无显著相关关系。

土壤温度与土壤TC、TN、铵态N、硝态N、TP、总有机P、$NaHCO_3-P_o$、$NaOH-P_o$、总无机P、H_2O-P_i、$NaHCO_3-P_i$、速效K和土壤N/P呈显著正相关，与$NaOH-P_i$呈显著负相关，与土壤速效P、$HCl-P_i$、$Res-P_i$、土壤TK、土壤C/N和土壤C/P无显著相关关系。

土壤湿度与土壤TC、TN、铵态N、硝态N、TP、速效P、总有机P、$NaHCO_3-P_o$、$NaOH-P_o$、总无机P、H_2O-P_i、$NaHCO_3-P_i$、$Res-P_i$、速效K和土壤C/N呈显著正相关，与$NaOH-P_i$呈显著负相关，与$HCl-P_i$、土壤TK、C/P和N/P无显著相关关系。（见表4-1）

表4-1 土壤养分与其生态化学计量特征与环境因子之间的相关关系

Tab 4-1 Correlation between soil nutrients and ecological stoichiometry and environmental factors

	处理时间 Processing time	林龄 Age of stand	土壤深度 Soil depth	土壤pH Soil pH	温度 Temperature	湿度 Humidity
全碳TC	0.02	0.203**	−0.378**	−0.566**	0.216**	0.246**
全氮TN	0.10	−0.08	−0.376**	−0.239**	0.588**	0.397**
铵态氮NH_4^+-N	−0.06	−0.01	−0.249**	−0.235**	0.223**	0.386**
硝态氮NO_3^--N	0.11	0.07	−0.274**	−0.343**	0.567**	0.385**
全磷TP	0.07	0.161*	−0.432**	−0.539**	0.417**	0.427**
速效磷Available P	0.07	0.163*	−0.447**	−0.465**	0.13	0.282**
总有机磷Total P_o	0.05	0.131*	−0.354**	−0.460**	0.411**	0.365**
碳酸氢钠有机磷 $NaHCO_3-P_o$	−0.09	−0.04	−0.185**	−0.237**	0.327**	0.286**
氢氧化钠有机磷 $NaOH-P_o$	0.147*	0.217**	−0.354**	−0.463**	0.319**	0.286**

续表

	处理时间 Processing time	林龄 Age of stand	土壤深度 Soil depth	土壤pH Soil pH	温度 Temperature	湿度 Humidity
总无机磷TP_i	0.08	0.158*	-0.417**	-0.490**	0.278**	0.385**
水提取无机磷 H_2O-P_i	0.03	-0.164*	-0.438**	-0.300**	0.410**	0.505**
碳酸氢钠无机磷 $NaHCO_3-P_i$	-0.11	0.12	-0.418**	-0.434**	0.162*	0.175**
氢氧化钠无机磷 $NaOH-P_i$	0.233**	-0.199**	-0.08	0.10	-0.135*	-0.241**
盐酸无机磷$HCl-P_i$	0.158*	0.152*	-0.186**	-0.189**	-0.03	0.01
残渣态无机磷 $Res-P_i$	0.06	0.263**	-0.218**	-0.394**	0.13	0.208**
全钾TK	0.160*	0.05	-0.484**	-0.258**	-0.07	0.03
速效钾Available K	-0.10	-0.05	-0.679**	-0.354**	0.213**	0.230**
碳/氮C/N	0.01	0.208**	-0.371**	-0.529**	0.10	0.187**
碳/磷C/P	0.05	0.217**	-0.327**	-0.418**	0.05	0.08
氮/磷N/P	0.01	-0.221**	0.12	0.267**	0.196**	0.00

注: **在0.01级别（双尾），相关性显著; *在0.05级别（双尾），相关性显著。

在RDA分布排序图中，代表两种因子的箭头间夹角的余弦值的正负与大小分别反映出从整体角度上来看两种因子间相关关系的正负与大小。

由此可以推论，凋落物总TOC、TK、C/N、C/P和凋落物残留率越高，除土壤N/P和$NaOH-P_i$外的其他养分特征均出现了不同程度的下降，其中土壤H_2O-P_i、TN、硝态N、$NaHCO_3-P_o$和土壤总有机P含量的下降幅度最为明显。凋落物中C与K元素含量越高，土壤中各养分含量越低，这似乎说明凋落物中C与K会抑制凋落物的分解或抑制土壤中养分的积累，因而在凋落物分解前对凋落物进行适当的处理（如沤肥）适当地分解掉一部分凋落物C元素似乎更加有利于土壤中各养分元素的提升。

凋落物质量损失率、TN、TP越高，土壤TN、硝态N、H_2O-P_i、$NaHCO_3-P_o$、土壤总有机P等养分含量越高，土壤C/N、N/P和$NaOH-P_i$含量不会受到影响。这说明随着凋落物分解的进行（凋落物质量损失率提高），有大量凋落物中的养分元素进入了土壤中，并促进土壤中养分的累积；$NaOH-P_i$和$Res-P_i$并非由于凋落物中有机物的分解产生，因而与凋落物的分解和化学组成的关系不密切。

凋落物N/P上升的同时，以土壤N/P、$NaOH-P_i$、TN、硝态N为主的大部分土壤养分均发生不同程度的上升，而土壤C/N、Res-P_i和速效P几乎不会随之发生变化。这说明凋落物N/P对提高除土壤速效P、Res-P_i以外的其他土壤养分有重要的意义，人工适当提高凋落物中N元素含量可提高凋落物对土壤养分的提升作用。（见图4-28）

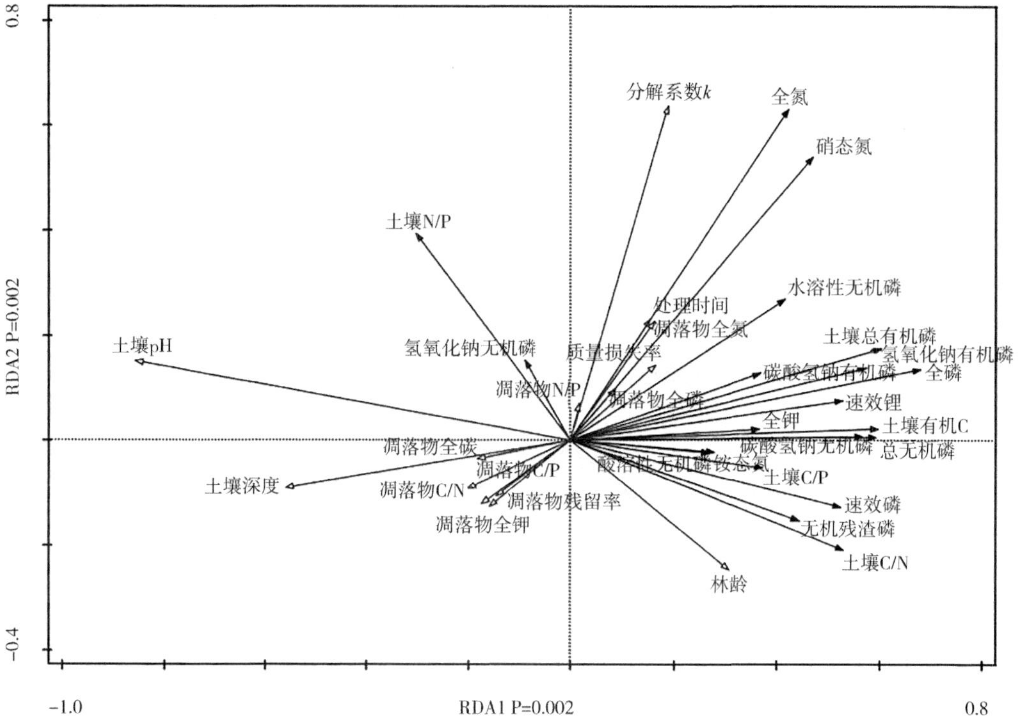

图4-28　凋落物特征与土壤养分及其化学计量特征的冗余分析

Fig 4-28　RDA of litter characteristics and soil nutrients and their stoichiometric characteristics

4.4　讨论

4.4.1　处理条件和凋落物分解特征对土壤N素及其组分含量的影响

森林凋落物是土壤养分的主要来源，凋落物经降解后使养分归还到土壤中。本研究发现，不同林龄沙地云杉林中，沙地云杉凋落叶N含量与土壤有机质、TN和NO_3^--N含量呈一定的正相关。沙地云杉凋落叶的N含量高，土壤有机质、TN和NO_3^--N含量高，反之亦然。沙地云杉凋落叶N含量与NH_4^+-N含量呈负相关。沙地云杉凋落叶C含量与土壤有机质、TN和NO_3^--N含量呈一定的负相关。本研究中，不同林龄沙地云杉林土壤TN和NO_3^--N含量随着沙地云杉凋落叶分解中的N含量增加而增加。结果与潘复静等（2020）、Magill等（2000）研究不同树种结果相似。可能是沙地云杉凋落叶的矿质N输入增加了土壤中的TN含量，使沙地云杉吸收与硝化菌、反硝化菌对N的竞争得到了缓冲，硝化、反硝化作用增加，进而使不同林龄沙地云杉土壤有效N增加（刘志江等，2017）。出现这种现象也可能与沙地云杉林土壤中N素的矿化与固定有关，沙地云杉凋落叶N添加促进不同龄林沙地云杉土壤硝化过程，导致更多的N素以NO_3^--N的形式存在。因为增加的N被土壤有机质吸收，导致C/N减小，从而提高了分解过程中N的释放速度（陈立新等，2012）。也可能是添加的沙地云杉叶凋落物分解出的无机N被微生物固定，从而促使原来有机N的矿化和释放。

土壤N素含量变化受土壤温度、水分、pH等各种环境因素的影响。不同的小生境中温度、湿度及凋落物供给的差异等最终是通过影响到林下不同的微生物类群的数量、种类和活力来影响N素矿化（陈立新等，2012）。

在本研究中，温度与不同林龄沙地云杉林的土壤TN、NH_4^+-N、NO_3^--N含量呈一定的正相关。即沙地云杉林土壤的TN、NH_4^+-N、NO_3^--N含量随温度升高而升高，这与赵文君（2021）等人研究结果类似。沙地云杉5年生林、30年生林和40年生林三种林龄土壤表层TN、NH_4^+-N、NO_3^--N含量最高值均出现在处理的第8个月，原因可能是温度升高增加了三种林龄沙地云杉林土壤铵态N和硝态N有效性，由于森林土壤氨化作用的NH_4^+-N是硝化作用来源，氨化作用直接影响硝化速率的变化，硝化速率往往低于氨化速率（赵文君等，2021）。温度升高可能促进了三种林龄沙地云杉林表层土壤反硝化作用。另外，温度升高时，微生物生长代谢活动增强并大量分解有机物，提高了土壤N的矿化速率，使土壤中N含量显著增加。温度变化还可以通过影响土壤含水量进而改变土壤中N的矿化速率。

土壤水分含量是土壤N素转化过程中至关重要的影响因素。本研究中三种林龄沙地云杉林土壤TN、NH_4^+-N、NO_3^--N含量与土壤湿度呈正相关，且NH_4^+-N、NO_3^--N含量与土壤湿度相关性显著。原因可能是土壤水分含量与其他土壤理化性质共同作用显著改变了三种林龄沙地云杉林中土壤的孔隙度及孔隙分布，从而影响氧气在土壤中的流通，进而影响微生物的活性（方运霆等，2004；Barton, et al., 2013）。短期的温度升高和水分增加可显著提高土壤微生物的活性，有利于其生长繁殖从而使三种林龄沙地云杉林中土壤TN、NH_4^+-N、NO_3^--N含量发生变化。干旱和低温也会减弱生物活性，因此在冬季低温（12月）和降水量少（6月）的情况下，三种林龄沙地云杉林凋落物分解速率都有一定程度的降低。

土壤pH等可以直接或间接地影响其他性质，被认为是土壤的主变量（Simek, et al., 2002；邓小华等，2017）。本研究中，土壤pH与三种林龄沙地云杉林土壤TN、NH_4^+-N、NO_3^--N含量呈负相关，且与NH_4^+-N、NO_3^--N含量负相关显著。这与陈冠陶等（2018）研究湿性常绿阔叶林结果相似。一方面是因为较低的pH会限制土壤反硝化微生物的生长，另一方面较低的pH可能导致反硝化微生物可利用的有机碳和矿质N的有效性下降（续勇波等，2014）。

本研究中，三种林龄沙地云杉林TN含量在2017年全年呈随时间增加先上升后下降趋势，在处理的第6个月、第8个月，三种林龄沙地云杉林TN含量最高。原因是N元素主要以有机物形式存在，释放需经微生物分解，进入夏季，三种林龄沙地云杉林土壤中微生物活性开始增加，促使N元素分解增加（王欣等，2012）。三种林龄沙地云杉林各土层均表现出NH_4^+-N含量大于NO_3^--N含量，这与赵维俊等（2016）研究的祁连山青海云杉林土壤N元素的变化结果一致，表明NH_4^+-N是沙地云杉林土壤有效N的主要赋存形式。相关性分析表明季节动态变化对沙地云杉土层NH_4^+-N、NO_3^--N含量变化有影响。处理的第4个月和第12个月较低，第6个月和第8个月含量较高。这与许翠清等（2008）研究温带森林土壤两种N素的变化结果一致。原因一方面可能是由于6月份天气回暖，沙地云杉林内的积雪消融，土壤温度、湿度同时增大，土壤微生物活性开始增加，氮矿化作用尤其是氨化作用增强（刘志江等，2017），从而使沙地云杉林中的凋落物进行大量分解，使各林龄的沙地云杉土壤NH_4^+-N、NO_3^--N含量升高。另一方面，沙地云杉萌动期一般在4月下旬开始，日平均气温≥5℃时，沙地云杉开始生长，展叶，其后沙地云杉进入生长季，且随着温度继续增加需要吸收大量NH_4^+-N（Marschner, et al., 2017; Glass, et al., 1995），部分NH_4^+-N经过硝化微生物的作用转化成NO_3^--N。随着时间进入夏季，温度升高，降雨量增加，NH_4^+-N、NO_3^--N随着雨水淋溶进入深度土层，NH_4^+-N含量有一定的回落。第8个月含量偏高，是由于入秋沙地云杉生长缓慢，吸收NH_4^+-N含量减少，其相对累积的结果，这与许翠清等（2008）研究温带森林土壤NH_4^+-N、NO_3^--N结果一致。第12个月，沙地云杉土壤NH_4^+-N、NO_3^--N含量0~20 cm土壤表层含量大于30~50 cm土层深度含量。主要原因是北方温带地区10月进入冬季，天气寒冷，且有冰雪覆盖，温度过低会抑制土壤微生物的活性，腐殖作用变弱，分解速率变慢，阻碍了土壤的矿化作用（李相楹等，2016）。

在本研究中，三种林龄沙地云杉林土壤TN、NH_4^+-N、NO_3^--N含量均随土层深度（0~50 cm）增加而降低，且0~10 cm、10~20 cm、20~30 cm、30~40 cm、40~50 cm土层含量具有显著性差异（$P<0.05$），这与青海省森林和川西亚高山森林土壤的N含量随土层深度的变化趋势基本一致（李相楹等，2016；王艳丽等，2019）。这是因为沙地云杉凋落物分解合成产物的过程使得N归还土壤，在三种林龄沙地云杉林土壤表层，N元素含量主要来源于沙地云杉凋落物的分解，而沙地云杉凋落物则主要集中于土壤表层，养分也首先聚集在土壤表层。且土壤表层良好的通气状况与水热条件也为微生物活动提供了更好的环境，从而促进了土壤表层中N含量的积累（王淑平等，2002）。随后随水分或其他介质向矿质土壤层迁移扩散，在土壤深层，N含量则多来自沙地云杉根系、根系分泌物、土壤微生物及部分上层N素淋溶等，相比沙地云杉林土壤表层，与外界的交换作用较弱（王艳丽等，2019），另外，沙地云杉根系集中分布在20~50 cm土层，形成根系层，沙地云杉庞大的根系和发达的侧根、根毛扩大了与沙地的接触面，有利于水分和养分的吸收。随着土层的加深，沙地云杉植物根系、土壤动物和微生物等吸收利用营养物质，从而造成了沙地云杉土壤全N、NH_4^+-N、NO_3^--N随土层深度（0~50 cm）增加而降低。这与秦娟等（2016）研究马尾松不同林型土壤养分的结果一致。

本研究表明，第4个月和第12个月三种不同林龄沙地云杉土壤NH_4^+-N含量与第6个月和第8个月土壤NH_4^+-N含量差异显著（$P<0.05$）。沙地云杉土壤NH_4^+-N含量总体呈40年生林>30年生林>5年生林的变化趋势。沙地云杉土壤NO_3^--N含量变化趋势与土壤NH_4^+-N含量变化趋势一致，这与崔宁洁等（2014）、潘复静等（2020）、王平安等（2020）人研究不同树种得出的结果相似。这可能是因为沙地云杉从5年生林到40年生林生长过程中，生物量逐渐增加，沙地云杉土壤表层凋落物及动植物残体逐渐增多，土壤质地得到了很大的改善，且微生物数量种类繁多，活动强，对土壤表层凋落物及动植物残体进行了分解，使土壤养分NH_4^+-N、NO_3^--N随之增加（王丹等，2010；彭玉华等，2020）。同时，由于沙地云杉在不同生长阶段对N需求状况不同，沙地云杉5年生林、30年生林阶段对土壤N素的需求大，而成熟林阶段由于沙地云杉生长缓慢、稳定，可能对土壤N素的利用率更低。同时，由于沙地云杉根系网络形态和分布随着年龄的增加而改变，沙地云杉5年生林主根发达，侧根不明显，而40年生林不见主根，侧根特别发达，且40年生林根系集中分布在20~50 cm土层，有利于深层次土壤养分的吸收，这也导致沙地云杉40年生林土壤表层NH_4^+-N、NO_3^--N含量最高（王平安等，2020）。

本研究发现土壤TN和NH_4^+-N含量在沙地云杉40年生林和30年生林较高，而在沙地云杉5年生林较低。原因可能是，不同生长阶段的沙地云杉对养分的需求不相同，可导致沙地云杉本身各器官养分含量和沙地云杉凋落叶养分含量存在差异。

4.4.2　处理条件和凋落物分解特征对土壤P素及其组分含量的影响

森林凋落物是土壤养分的主要来源，凋落物经降解后使养分归还到土壤中。本研究发现，不同林龄沙地云杉林中，凋落物P含量与土壤TP（P_o+P_i）、土壤P_o、土壤P_i的含量呈正相关，与土壤速效P呈负相关。本研究中，不同林龄沙地云杉林土壤TP（P_o+P_i）、土壤P_o、土壤P_i的含量随着凋落物P释放含量的增加而增加，结果与Huang等（2015）和刘旭军等（2019）在温带森林的研究结果相似。原因可能是凋落物的输入，导致更高的碳输入，进而刺激了土壤微生物的活性提高（Vincent, et al., 2010；彭信浩等，2018）。刘旭军等（2019）认为温带森林生态系统里的土壤微生物对有机P的矿化作用主要驱动因素是其对碳的需求，因为土壤微生物在有机P矿化中会消耗大量的C，耗磷量少，大量P素被补充到土壤活性P库和NaOH-P_o中。本研究中，不同林龄沙地云杉土壤速效P随着凋落物P释放含量的增加而减少。这与刘旭军等（2019）、Vincent等（2010）的研究结果相似，这种结果可能与根系吸收和淋溶作用有关。Huang等（2015）研究发现去除凋落物使土壤活性P含量升高，也有学者认为凋落物处理对土壤P素无显著影响（Sayer, et al., 2019），这些研究结果的不一致，可能与树种、气候及凋落物处理时间不同有关。凋落物处理及其交互作用对土壤P素的影响是多种物理生物化学过程综合作用的结果，受植被类型、土壤微生物、气候及处理时间等因素的复杂影响，有待进一步深入研究。

土壤温度、土壤湿度是影响不同林龄沙地云杉表层土壤P组分变化的关键因子。本研究发现，土壤温度、土壤湿度与不同林龄沙地云杉表层土壤TP（P_o+P_i）、土壤速效P、土壤无机磷（P_i）和土壤有机磷（P_o）等各组分均呈显著正相关。不同林龄沙地云杉土壤P组分含量呈第4个月到第8个月提高，第10个月到第12个月降低，与北温带地区气温和降水的季节性变化一致，这个结果与Tian等（2010）研究结果相似。原因可能是因为该地区沙地云杉林处于北温带季风气候区，其特点是雨热同期。从地面温度时间尺度上，在3—10月过程中，8月份地面温度最高，而10月温度就已经开始降低，春季（3—6月）气温较低，降水较少，沙地云杉林土壤微生物的分解速度不高，但随着温度的增加，水分增加，而适宜的水分又促进了微生物活性，其分解速度也增强（张磊等，2022）。森林生态系统中的土壤P素转化过程是物理化学过程和微生物过程共同作用的结果。本研究中，土壤pH与不同林龄沙地云杉表层土壤P组分显著负相关，这与肖华翠等（2021）研究的杉木林土壤P组分结果相同，而与Renato等（2004）、胡瑞彬等（2016）研究结果相反。原因可能是与pH土壤P的分布和可利用性首先取决于土壤pH有关。土壤有机质在维持土壤P素有效性中也有重要作用。本研究表明，土壤有机质与不同林龄沙地云杉表层土壤TP（P_o+P_i）、土壤速效P、土壤无机磷（P_i）和土壤有机磷（P_o）等各组分均呈显著正相关。这可能是因为沙地云杉土壤有机质中的腐殖酸对铁、铝离子具有较高的亲和力，降低对P的吸附，阻止P素形成沉淀，可以显著活化土壤P，从而增加土壤P素的有效性（陈立新等，2003），且土壤TOC为土壤微生物生活提供了充足的能量，促进了微生物对土壤有机P的矿化（Spohn，et al.，2013）。

季节是诸多环境因子的综合体，物种生物学特性不同，不同季节树木生长所需元素差异较大，这也导致了养分元素及化学组分在不同季节存在一定波动（孟庆权等，2019）。本研究发现，沙地云杉土壤TP（P_o+P_i）、有机P组分及含量的季节变化格局基本都呈非生长季维持在较高水平，而随着植物进入生长季而下降。这与王薪琪等（2017）其他一些温带森林的研究结果一致。出现这种状况的原因，一方面与沙地云杉生长节律有关，秋季大量沙地云杉凋落叶的输入为沙地云杉土壤分解提供了代谢底物，白音敖包地区冬季气温很低，沙地云杉等植物吸收营养物质也较少，且该地区冬季降雪较大，处于积雪覆盖下的土壤温度较低，使土壤微生物生长和繁殖基本停止。沙地云杉林中的土壤微生物代谢较弱，所以土壤中积累的各种形态的P较多；春夏季节属于沙地云杉生长旺盛季节，沙地云杉4月中旬开始进行生长，到6月中旬形成顶牙，而8月中旬沙地云杉普遍发生再长和形成新的侧枝，叶片光合作用和蛋白质的合成能力较强（孟庆权等，2019；Walker，et al.，2014），需要投入更多的rRNA，而rRNA是植物的主要P库（李茜等，2017），这样，沙地云杉快速生长就需要从土壤中吸收P素来进行补充。此时温湿度比较适合土壤中多种微生物的生存，为给沙地云杉和土壤微生物的快速生长提供养分，从而使沙地云杉土壤表层P（0~20 cm）各组分呈下降趋势。Pan等（2015）、Lin等（2019）研究发现，高的降雨量导致土壤的淋溶，能够引起土壤有效态P的损失，沙地云杉生长区处于北温带地区，降雨集中在夏季（6—8月），这也可能是沙地云杉土壤表层P各组分呈现下降趋势的原因。另外，沙地云杉在各个季节对养分的需求不同，这种变化改变了沙地云杉土壤中有机酸对P形态转化的作用强度。土壤有机酸在土壤养分有效性提高上起到了积极的作用（潘复静等，2020），从而使沙地云杉土壤P各组分变化随季节发生变化。

本研究发现，土壤深度变化影响沙地云杉土壤P各组分含量大小。土壤深度与不同林龄沙地云杉表层土壤TP（P_o+P_i）、土壤速效P、土壤无机磷（P_i）和土壤有机磷（P_o）等各组分均呈显著负相关，与NaOH-P_i负相关，但不显著。沙地云杉土壤有效P含量、有机P含量、无机P含量及总P含量随着土壤深度的增加呈从高降低的趋势，呈表聚性特征。与Zhang等（2005）、张泰东等（2017）研究结果一致。出现这种状况可能有以下几个原因：一是针叶树种凋落物较难分解，P停滞在凋落物层；针叶树种凋落物分解可以降低土壤pH，进而会使无机P与铝结合（Zhou, et al., 2011; Carrino, et al., 2016），从而降低土壤P循环。二是土壤动物蚯蚓等松动土壤，可能会将更多的沙地云杉凋落物从凋落物层带入0~10 cm层土壤进行分解进而使沙地云杉的表层土壤各P组分含量最多。Pan等（2015）、Lin等（2019）研究认为，高的降雨量可以导致土壤的淋溶，能够引起土壤有效态P的损失。三是沙地云杉属于浅根型树种，其根系大部分集中于土壤表层（0~50 cm），沙地云杉根系大量吸收土壤表层的有效P组分，从而使其含量降低。韩中海等（2020）研究麻栎林不同凋落物输入处理时认为，凋落物输入在0~10 cm土壤层次影响土壤有效磷含量变化比较明显，并随着处理时间延长，可能影响到10~20 cm层次，这可能和所研究的树种、处理时间等有关，需要进一步进行研究。

本研究发现，沙地云杉林全年土壤有效P含量、有机P含量、无机P含量及总P含量的变化基本呈30年生林>40年生林>5年生林趋势，这和曹娟（2014）、查美琴（2020）等人研究结果类似。沙地云杉5年生林、30年生林速效P含量低于40年生林，Res-P、无机P和$NaHCO_3$-P_i，可能是因为沙地云杉苗木较小，对土壤P各组分的影响也较小，随着沙地云杉林林龄增长，沙地云杉土壤P各组分呈显著升高的趋势。产生这种变化的主要原因是，随着沙地云杉自然增长及生态系统的发展，林内地上、地下各种凋落物有所增加，使凋落物组成发生相应改变，也促进了沙地云杉土壤P组分的转化速率。有研究表明，木质素和纤维素等难分解物质的含量越低，凋落物分解速率越快（吴鹏等，2016），细根周转和微生物活性等也使土壤中Al-P、Fe-P不同程度增加，TP含量升高（Maranguit, et al., 2017）。吸附在土壤颗粒表面的$NaHCO_3$-P_i，很容易被土壤中的Al、Fe等金属离子吸附固定；土壤中腐殖酸含量增加会促进腐殖酸与金属离子发生络合反应，使$NaHCO_3$无机P不断释放。土壤中NaOH-P_i主要是与Al、Fe离子结合而成的P酸盐所构成。随沙地云杉幼苗成长，土壤中交换性的铁、铝、锰等金属阳离子会不断累积，吸附固定更多的P成为中活性的P源，导致NaOH-P_i逐渐增加（Glaveno, et al., 2008; Giesle, et al., 2002）。另一方面，由于随着沙地云杉生长，30年生林和40年生林林分内的枯落物增加，其受降雨等淋溶作用，使大量的可溶性有机P富集在土壤表层，迅速被Al、Fe离子固定，从而使NaOH-P_o质量分数逐渐增加（Kalbttz, et al., 2000）。

4.4.3 处理条件和凋落物分解特征对土壤K素及其组分含量的影响

森林凋落物是土壤养分的主要来源，凋落物经降解后使养分归还到土壤中。本研究发现，不同林龄沙地云杉中，沙地云杉凋落物K含量与不同林龄沙地云杉土壤TK含量和速效K含量呈一定的正相关，这与罗钰颖等（2020）的研究结果不同，而与陈钦程等（2014）研究不同林龄华北落叶松土壤TK、速效K含量变化一致。本研究还发现，不同林龄沙地云杉土壤TOC与TK、速效K含量呈显著正相关（$P<0.05$），该研究结果与陈钦程（2014）等以往类似研究相同。不同林龄沙地云杉枯枝落叶的厚度增加，经微生物分解后沙地云杉林土壤表层的有机质增加，进而提高了土壤速效K的含量。谭德水等（2008 a, b）、王筝等（2012）、王志勇等（2012）研究表明，土壤有机质含量的增加可以促进缓效K转化为速效K。其可能原因：一是沙地云杉凋落物本身就含有一定的营养元素K，且凋落物表面含有大量的阴离子，能够吸引K等阳离子，同时分解过程中，发达的孔隙结构增强了对易淋失K离子的吸附能力（王亚琼等，2021）。二是由于有机质在转化过程中可能产生了一些有机酸，可促进含K矿物质的风化，引起黏土矿物层间膨胀，降低沙地云杉土壤对外源K的固K强度。这与黄磊等（2021）研究得出的向农田施用有机肥以提高其有机质含量进而提高土壤K的有效性的结论一致。

土壤K素含量变化受土壤温度、水分、pH等各种环境因素的影响。不同的小生境中温度、湿度及凋落物供给的差异等最终是通过影响到林下不同的微生物类群的数量、种类和活力来影响K素变化（Pracilio, et al., 2006; 庞夙等，2012）。

本研究发现，不同林龄沙地云杉土壤K素含量变化与土壤温度呈正相关，温度对土壤中K的影响是多方面的。Augusto等（2002）研究认为温度对土壤中K离子扩散系数随温度的升高而增加。Pracilio等（2006）发现提高温度可以增加土壤中缓效K的释放速率。本研究中，不同林龄沙地云杉土壤TK、速效K含量变化与土壤湿度呈正相关，即土壤含水量的变化会显著影响不同林龄沙地云杉土壤速效K含量。K素在土壤中的移动性较强，易受雨水淋溶的影响。夏季雨量充沛，表层土壤的K素会逐渐随雨水淋失到深层土壤（侯晓娟等，2017）。且雨水对NO_3^-的淋溶作用使土壤表层的K^+作为NO_3^-的电荷平衡离子从土壤中流失。可能是因为土壤干湿交替会引起黏土矿物的收缩与膨胀，影响速效K的固定与释放，进而对土壤速效K的含量产生影响（陈钦程等，2014）。徐国华等（1991）研究认为淹水导致黏土矿物晶层膨胀，有利于更多的速效K进行层间交换。梁成华等（2002）认为淹水后速效K含量降低是由于水分造成的还原环境使黏土矿物晶体中的Fe_3^+被还原，致使晶层间负电荷增加，进而增大了K的固定。

本研究表明，不同林龄沙地云杉土壤K、速效K含量与土壤pH呈显著负相关，相关系数-0.289、-0.343，与陈钦程（2014）等研究结果相一致。可能是由于沙地云杉土壤属于酸性土壤，在酸性条件下，黏土矿物层间表土层（0~20 cm）形成的羟基铝离子基团阻止膨胀性黏土矿物硅氧层塌陷，从而提高层间K的强度（程明芳等，1999）。

不同季节不同林龄沙地云杉土壤TK、速效K的变化是一个复杂过程。本研究发现，在各月份，0~20 cm不同林龄沙地云杉土壤TK、速效K含量均高于30~50 cm土层，随着季节变化，不同林龄沙地云杉土壤TK、速效K均值均呈随季节变化先上升后下降趋势，不同林龄沙地云杉凋落物中K元素含量表现出明显的季节动态，在沙地云杉生长季节，因生长发育需求，K元素作为沙地云杉所必需的营养元素在生长旺盛的营养器官（如叶、枝）中大量聚集。进入秋季（10月）生长末期，随着气温降低，降雨量减少，植物高生长期停止，开始进行生理性落叶并进入休眠状态，此时沙地云杉为保存自身养分，营养物质从衰老的叶片转移到其他器官中（Liu, et al., 2001；杜春燕等，2008）。即沙地云杉TK、速效K含量主要呈春夏季较高、秋冬季较低的趋势。在处理的第8个月、第10个月三种林龄TK含量最高。第8个月三种林龄速效K含量最高。原因可能是沙地云杉林所处地区夏季温度高、降雨多，冬季温度低、降水少，由于从春季开始本地区的温度持续上升，沙地云杉林土壤微生物活性增强，土壤表层的凋落物被微生物分解后经淋溶作用进入土壤，导致土壤养分含量在春夏季较高。沙地云杉根系分泌物增加导致土壤中的K含量升高，秋季沙地云杉枯枝增加，冬季气温降低，土壤干燥含水率下降，土壤微生物活性降低，根系的分泌物减少，凋落物的分解缓慢导致土壤养分含量在冬季开始下降。但是由于春季气温下降植物生长减缓，为保证沙地云杉的生长，沙地云杉将速效K等养分从地上部分向下转移，土壤养分积累大于消耗，因此春季土壤养分含量大于冬季。同时春夏季降雨较多，土壤淋溶作用增加导致土壤中的养分流失较多，因此春夏季的土壤养分含量低于秋冬季土壤养分含量（黄樱等，2021）。

本研究发现，三种林龄沙地云杉土壤TK、速效K含量随着土层深度增加，总体呈下降趋势；0~20 cm土层与30~50 cm土层的TK、速效K含量有显著性差异（$P<0.05$）。不同林龄沙地云杉土壤TK、速效K含量在20~50 cm较 0~20 cm土层含量低，这与刘欣等（2018）研究华北落叶松等不同林型土壤理化性质结果相似。而与纪萱等（2007）研究不同林龄红松人工林的结果不同。主要原因：一方面可能是不同林龄沙地云杉土壤表层的凋落物多，被微生物分解后经淋溶作用进入土壤，使土壤TK、速效K聚集在土壤表层。另一方面，沙地云杉的生长过程中，沙地云杉根系主要集中在20~50 cm，根系吸收了部分30~50 cm层次的养分速效K，而速效K的补充，又需要TK的分解，从而使30~50 cm土层的土壤TK、速效K低于土壤表层。总的来说，沙地云杉林土壤TK、速效K含量相对丰富，供K充足。

本研究发现，在不同月份，随着沙地云杉林林龄的升高，三种林龄沙地云杉土壤TK、速效K平均含量总体呈先增加后降低的趋势，即沙地云杉30年生林土壤TK、速效K含量明显高于沙地云杉5年生林及40年生林的土壤，不同月份、不同林龄沙地云杉土壤的TK、速效K含量差异显著（$P<0.01$）。这与陈钦程（2014）等研究结果一致。而与张汉春（2012）等研究华北落叶松时得出的随着华北落叶松林龄的增加，土壤总体养分水平随林龄的增加而降低，尤其是速效K的下降趋势明显的研究结果不同。这可能是由于沙地云杉林的生长过程中不施肥，沙地云杉从土壤中不断吸收K素营养，随着沙地云杉林林龄的持续增加，沙地云杉40年生林的土壤TK、速效K含量小于沙地云杉5年生林与30年生林。

4.5 本章小结

通过对经过不同凋落物处理时间的各林龄沙地云杉0~50 cm各土层土壤TOC、各N组分、各P组分、TK、速效K等养分特征进行测定，对其生态化学计量特征进行计算，并将土壤特征与凋落物特征和环境特征进行系统性分析，得出如下结论：

（1）随着土层深度的增加，除NaOH-P_o含量无明显变化规律外，其余各土壤养分特征均呈显著下降趋势，这种下降主要出现在20~30 cm土层，说明凋落物处理主要提升30 cm以上的土壤的养分含量，对下层土壤影响较小。随着凋落物处理的进行，整体上所有土壤养分含量均呈先上升后下降的趋势，其峰值主要出现在处理后的6~10个月。说明在凋落物处理第10个月前凋落物向土壤中的养分释放量高于土壤中消耗和流失量，而在凋落物分解后期土壤养分消耗量要高于凋落物释放量。凋落物处理后的30年生林土壤养分含量通常显著高于其他两林龄下土壤。最利于土壤养分积累的处理为：对30年生沙地云杉林进行8~10个月的凋落物处理，该处理下土壤除三种N组分外其余养分含量最高；而对5年生林进行6~8个月的凋落物处理后的土壤各N组分含量最高，但其余养分含量不如上一种处理。

（2）随着凋落物处理时间的增加，土壤C/N、C/P和N/P呈先上升后下降趋势，其峰值一般出现在6~8个月，这与土壤养分含量的变化趋势相同。30年生林土壤C/N和C/P显著高于5年生林，N/P显著低于5年生林。随着土壤深度的增加，土壤C/N和C/P呈显著下降趋势，土壤N/P无显著变化趋势。30年生林土壤较高的C/N、C/P及较低的N/P导致其对养分有更强的固持作用，但同时这种化学计量特征会导致土壤养分的有效性和释放速度下降；5年生林化学计量特征与之相反，因而其对土壤养分的固定作用较低，土壤养分有效性高。实施中可以根据需要对凋落物进行人工处理。

（3）土壤pH与除氢氧化钠提取态无机P以外的各组分土壤养分含量呈显著负相关，即土壤pH越高越不利于土壤养分含量的积累，因而在生产中可以通过人工调节土壤pH的方式对土壤养分含量进行干预。

(4)土壤温度和土壤湿度是影响绝大部分土壤养分含量的重要因素，土壤温度和湿度越高，土壤总TOC、TN、铵态N、硝态N、TP、总有机P、$NaHCO_3$-P_o、NaOH-P_o、总无机P、H_2O-P_i、$NaHCO_3$-P_i、速效K含量越高。

(5)凋落物C和K含量以及凋落物C/N和C/P与土壤各养分含量呈显著负相关，而凋落物N、P和分解速率与土壤养分含量呈显著正相关。说明不同林龄沙地云杉林土壤养分差异主要是由于凋落物生态化学计量特征的差异，导致凋落物向土壤中的养分释放过程产生了差异所导致的。

参考文献

[1] Grant R F. Nitrogen mineralization drives the response of forest productivity to soil warming: Modelling in ecosys vs.measurements from the Harvard soil heating experiment. Ecological Modelling, 2014, 288: 38—46.

[2] 马寰菲，解梦怡，胡汗，等. 秦岭不同海拔森林土壤-植物-凋落物化学计量特征对土壤氮组分的影响. 生态学杂志，2020，39(3)：749—757.

[3] 许翠清，陈立新，颜永强，等. 温带森林土壤铵态氮、硝态氮季节动态特征.东北林业大学学报，2008，36(10)：19—21.

[4] 李玮，郑子成，李廷轩. 不同植茶年限土壤团聚体碳氮磷生态化学计量学特征. 应用生态学报，2015，26(01)：9—16.

[5] 任璐璐，张炳学，韩凤朋，等. 黄土高原不同年限刺槐土壤化学计量特征分析. 水土保持学报，2017，31(2)：339—344.

[6] Liu M, Li Z, Zhang T. Changes of soil ecological stoichiometric ratios under different land uses in a small catchment of subtropical China. Acta Agriculturae Scandinavica, 2016, 66(1): 67—74.

[7] 胡耀升，么旭阳，刘艳红. 长白山森林不同演替阶段植物与土壤氮磷的化学计量特征. 应用生态学报，2014，25(3)：632—638.

[8] Yin X R, Liang C Z, Wang L X, et al. Ecological stoichiometry of plant nutrients at different restoration succession stages in typical steppe of Inner Mongolia, China. Chinese Journal of Plant Ecology, 2010, 34(1): 39—47.

[9] 王雪梅，闫帮国，赵广，等. 云南元谋不同海拔土壤微生物对车桑子碳、氮、磷化学计量特征及土壤特性的影响. 植物生态学报，2017，41(3)：311—324.

[10] 张莎莎，李爱琴，王会荣，等. 不同海拔杉木人工林土壤碳氮磷生态化学计量特征. 生态环境学报，2020，29(1)：97—104.

[11] 赵维俊，刘贤德，金铭，等. 祁连山青海云杉林叶片-枯落物-土壤的碳氮磷生态化学计量特征. 土壤学报，2016，53(2)：477—489.

[12] 孟盈，薛敬意，沙丽清，等. 西双版纳不同热带森林下土壤铵态氮和硝态氮动态研究. 植物生态学报，2001，25(1)：99—104.

[13] 白小芳，徐福利，王渭玲，等. 华北落叶松人工林土壤碳氮磷生态化学计量特征. 中国水土保持科学，2015，13(6)：68—75.

[14] 苏波，韩兴国，渠春梅，等. 东灵山油松纯林和油松-辽东栎针阔混交林土壤氮素矿化/硝化作用研究. 植物生态学报，2001，25(2)：195—203.

[15] 贾兴永，李菊梅. 土壤磷有效性及其与土壤性质关系的研究. 中国土壤与肥料，2011，(6)：76—82.

[16] 龚霞，牛德奎，赵晓蕊，等. 植被恢复对亚热带退化红壤区土壤化学性质与微生物群落的影响. 应用生态学报，2013，24(4)：1094—1100.

[17] Hinsinger P. Bioavailability of soil inorganic P in the rhizosphere as affected by root-induced chemical changes: a review. Plant and Soil, 2001, 237(2): 173—195.

[18] Wang J G. Soil chemistry of plant nutrition (In Chinese). Beijing: China Agricultural University Press, 1995: 92—103.

[19] 李金辉，卢鑫，周志宇，等. 不同种植年限紫穗槐根际非根际土壤磷组分含量特征. 草业学报，2014，23(06)：61—68.

[20] 王敬国，植物营养的土壤化学. 北京：中国农业大学出版社，1995：92—103.

[21] Bünemann E K, Augstburger S, Frossard E. Dominance of either physicochemical or biological phosphorus cycling processes in temperate forest soils of contrasting phosphate availability. Soil Biology and Biochemistry, 2016, 101: 85—95.

[22] 曾晓敏，范跃新，林开森，等. 亚热带不同植被类型土壤磷组分特征及其影响因素. 应用生态学报，2018，29(7)：2156—2162.

[23] Hou E, Chen C, Wen D, et al. Relationships of phosphorus fractions to organic carbon content in surface soils in mature subtropical forests, Dinghushan, China. Soil Research, 2014, 52: 55—63.

[24] Rosling A, Midgley M G, Cheeke T, et al. Phosphorus cycling in deciduous forest soil differs between stands dominated by ecto-and arbuscular mycorrhizal trees. New Phytologist, 2016, 209: 1184—1195.

[25] 陈钦程, 徐福利, 王渭玲, 等. 秦岭北麓不同林龄华北落叶松土壤速效钾变化规律. 植物营养与肥料学报, 2014, 20(5): 1243—1249.

[26] 金继运, 黄绍文. 土壤钾形态及其植物有效性研究进展. 土壤肥料, 1995, (5): 23—29.

[27] 彭浩, 邵明安, 张兴昌. 黄土区土壤钾素径流流失机理研究进展. 土壤与环境, 2002, (2): 172—177.

[28] 李佛琳, 彭桂芬, 萧凤回, 等. 我国烟草K素研究的现状与展望. 中国烟草科学, 1999, 20(1): 24—27.

[29] 张会民, 吕家珑, 李菊梅, 等. 长期定位施肥条件下土壤钾素化学研究进展.西北农林科技大学学报: 自然科学版, 2007, 35(1): 155—160.

[30] 李忠文, 闫文德, 郑威, 等. 亚热带樟树-马尾松混交林凋落物量及养分动态特征. 生态学报, 2013, 33(24): 7707—7714..

[31] 潘复静, 张伟. 喀斯特不同植被恢复阶段土壤有机酸季节变化与有效氮磷的关系. 生态学杂志, 2020, 39(4): 1112—1120.

[32] Magill A.H, Aber J.D, Berntson G.M, et al. Long-Term Nitrogen Additions and Nitrogen Saturation in Two Temperate Forests. Ecosystems, 2000, 3: 238—253.

[33] 刘志江, 林伟盛, 杨舟然, 等. 模拟增温和氮沉降对中亚热带杉木幼林土壤有效氮的影响. 生态学报, 2017, 37(1): 44—53.

[34] 陈立新, 黄兰英, 乔璐, 等. 模拟N沉降对温带不同森林类型土壤N矿化速率的影响. 水土保持学报, 2012, 26(6): 139—146.

[35] 赵文君, 刘永涛, 谭成江, 等. 模拟N沉降对喀斯特原生乔木林土壤N矿化的影响. 中南林业科技大学学报, 2021, 41(7): 124—131.

[36] 方运霆, 莫江明, 周国逸, 等. 南亚热带森林土壤有效N含量及其对模拟N沉降增加的初期响应. 生态学报, 2004, 24(11): 73—80.

[37] Barton L, Murphy D V, Butterbach-Bahl K. Influence of Crop Rotation and Liming on Greenhouse Gas Emissions from a Semi-Arid Soil. Agriculture, Ecosystems and Environment , 2013, 167: 23—32.

[38] Simek M, Cooper J E. The influence of soil pH on denitrification: progress towards the understanding of this interaction over the last 50 years. European Journal of Soil Science, 2002, 53 (3): 345—354.

[39] 邓小华, 张瑶, 田峰等. 湘西植烟土壤pH和主要养分特征及其相互关系. 土壤, 2017, 49(1): 49—56.

[40] 陈冠陶，李顺，彭天驰，等. 根系隔离和N添加对湿性常绿阔叶林土壤碳N组分的影响. 应用与环境生物学报，2018，24(1)：125—131.

[41] 续勇波，XU Zhihong，蔡祖聪. 热带亚热带土壤氮素反硝化研究进展. 生态环境学报，2014，23(9)：1557—1566.

[42] 王欣，高明达，杨飞，等. 不同林龄华北落叶松人工林叶凋落物分解及养分动态比较. 东北林业大学学报，2012，40(10)：56—60，66.

[43] Smavi M，Marschner P .Impact of salinity on respiration and organic matter dynamics in soils is more closely related to osmotic potential than to electrical conductivity [J] .Pedosphere，2017，27(05)：949—956.

[44] Kronzucker HJ，Glass ADM，Siddiqi MY. Analysis of (NH_4^+)-N-13 efflux in spruce roots - a test case for phase entificationid in comparimental analysis [J]. Plant physiology，1995，109(2)：481—490.

[45] 李相楹，张维勇，刘峰，等.不同海拔高度下梵净山土壤碳、氮、磷分布特征. 水土保持研究，2016，23(3)：19—24.

[46] 王艳丽，字洪标，程瑞希. 青海省森林土壤有机碳氮储量及其垂直分布特征. 生态学报，2019，39(11)：1—10.

[47] 秦娟，孔海燕，刘华. 马尾松不同林型土壤C、N、P、K的化学计量特征. 西北农林科技大学学报：自然科学版，2016，44(2)：68—76.

[48] 崔宁洁，张丹桔，刘洋，等. 不同林龄马尾松人工林林下植物多样性与土壤理化性质. 生态学杂志，2014，33(10)：2610—2617.

[49] 王平安，任旭明，薄夫京，等. 关帝山不同林龄华北落叶松人工林土壤化学计量特征及土壤理化性质分析. 山西农业科学，2020，48(6)：956—963.

[50] 王丹，戴伟，王兵，等. 杉木人工林不同发育阶段土壤性质变化的研究. 北京林业大学学报，2010，32(3)：59—63.

[51] 彭玉华，谭长强，申文辉，等. 林龄差异对杉木人工林土壤理化性质的影响. 广西林业科学，2020，49(3)：361—367 .

[52] Huang W J，Spohn M. Effects of long-term litter manipulation on soil carbon，nitrogen，and phosphorus in a temperate deciduous forest. Soil Biology and Biochemistry，2015，83：12—18.

[53] 刘旭军，程小琴，田慧霞，等. 间伐和凋落物处理对华北落叶松人工林土壤磷形态的影响. 生态学报，2019，39(20)：7686—7696.

[54] Vincent A G，Turner B L，Tanner E V J. Soil organic phosphorus dynamics following perturbation of litter cycling in a tropical moist forest. European Journal of Soil Science，2010，61

(1): 48—5721.

[55] 彭信浩, 韩海荣, 徐小芳, 等. 间伐和改变凋落物输入对华北落叶松人工林土壤呼吸的影响. 生态学报, 2018, 38(15): 5351—5361.

[56] Qifeng Mo, Zhi' an Li, Emma J. Sayer, Hans Lambers, Yingwen Li, Bi Zou, Jianwu Tang, Mary Heskel, Yongzhen Ding, Faming Wang. Foliar phosphorus fractions reveal how tropical plants maintain photosynthetic rates despite low soil phosphorus availability. Functional Ecology, 2019, 33(3).

[57] Tian H Q, Chen G S, Zhang C, et al. Pattern and variation of C: N: P ratios in China' s soils: a synthesis of observational data. Biogeochemistry, 2010, 98(1/3): 139—151.

[58] 张磊, 贾淑娴, 李啸灵, 等. 亚热带米槠天然林凋落物和根系输入变化对土壤磷组分的影响. 生态学报, 2022, 42(2): 1—12.

[59] 肖华翠, 李靖雯, 夏允, 等. 中亚热带不同母质发育森林土壤磷组分特征及其影响因素. 应用生态学报, 2021, 32(1): 16—22.

[60] Renato V, Robin B F, Gorky V, et al. Tree species distributions and local habitat variation in the Amazon: large forest plot in eastern Ecuador. Journal of Ecology, 2004, 92: 214—229.

[61] 胡瑞彬, 方晰, 项文化, 等. 中亚热带南酸枣落叶阔叶林土壤磷素空间变异及其影响因素. 应用生态学报, 2016, 27(3): 705—715.

[62] 陈立新. 落叶松人工林土壤质量变化规律与调控措施的研究. 北京: 中国林业科学研究院, 2003.

[63] Spohn M, Kuzyakov Y. Phosphorus mineralization can be driven by microbial need for carbon. Soil Biology and Biochemistry, 2013, 61(6): 69—75.

[64] 王薪琪, 王传宽, 张泰东. 森林土壤碳氮循环过程的新视角: 丛枝与外生菌根树种的作用. 植物生态学报, 2017, 41(10): 1113—1125.

[65] 孟庆权, 葛露露, 杨馨逸, 等. 福建三明两种人工林叶片碳氮磷化学计量特征的季节变化. 应用与环境生物学报, 2019, 25(4): 776—782.

[66] Walker A P, Beckerman A P, Gu L, et al. The relationship of leaf photosynthetic traits-Vcmax and Jmax-to leaf nitrogen, leaf phosphorus, and specific leaf area: a meta-analysis and modeling study. Ecology and Evolution, 2014, 4(16): 3218—3235.

[67] 李茜, 曹扬, 彭守璋, 等. 子午岭林区两种天然次生林叶片C、N、P化学计量特征的季节变化. 水土保持学报, 2017, 31(6): 319—325.

[68] Pan F, Zhang W, Liu S, et al. Leaf N: P stoichiometry across plant functional groups in

the karst region of southwestern China. Trees, 2015, 29 (3): 883—892.

[69] Lin Y M, Chen A M, Yan S W, et al. Available soil nutrients and water content affect leaf nutrient concentrations and stoichiometry at different ages of Leucaena leucocephala forests in dry-hot valley. Journal of Soils and Sediments, 2019, 19: 511—521.

[70] Zhang C, Tian H, Liu J, et al. Pools and distributions of soil phosphorus in China. Global Biogeochemical Cycles, 2005, 19: 347—354.

[71] 张泰东, 王传宽, 张全智. 帽儿山5种林型土壤碳氮磷化学计量关系的垂直变化. 应用生态学报, 2017, 28(10): 3135—3143.

[72] Zhou W, Chen H, Zhou L, et al. Effect of freezingthawing on nitrogen mineralization in vegetation soils of four landscape zones of Changbai Mountain. Annals of Forest Science, 2011, 68: 943—951.

[73] Carrino-Kyker S R, Kluber L A, Petersen SM, et al. Mycorrhizal fungal communities respond to experimental elevation of soil pH and P availability in temperate hardwood forests. FEMS Microbiology Ecology, 2016, 92(3).

[74] 曹娟, 闫文德, 项文化, 等. 湖南会同不同年龄杉木人工林土壤磷素特征. 生态学报, 2014, 34(22): 6519—6527.

[75] 查美琴, 徐海东, 成向荣, 等. 不同林龄杉木+闽楠复层林土壤磷形态及微生物功能多样性变化. 生态学报, 2020, 40(19): 6938—6947.

[76] 吴鹏, 王襄平, 张新平, 等.东北地区森林凋落叶分解速率与气候、林型、林分光照的关系. 生态学报, 2016, 36(8): 2223—2232.

[77] Maranguit D, Guillaume T, Kuzyakov Y. Land-use change affects phosphorus fractions in highly weathered tropical soils. Catena, 2017, 149: 385—393.

[78] Giesle R R, Petersson T H, Gberg P. Phosphorus limitation in boreal forests: effects of aluminum and iron accumulation in the humus layer. Ecosystems, 2002, 5(3): 300—314.

[79] Glaveno C, Celi L, Cess RMA, et al. Interaction of organic phosphorus with clays extracted from Oxisols. Soil Science. 2008, 173(10): 694—706.

[80] Kalbttz K, Solinge R S, Park J H, et al. Controls on the dynamic of dissolved organic matter in soils: a review. Soil Science, 2000, 165(4): 277—304.

[81] 罗钰颖, 朱玉婷, 唐青, 等. 哀牢山不同海拔表层土壤理化性质变化规律研究. 西部林业科学, 2020, 49(1): 140—148.

[82] 谭德水, 金继运, 黄绍文. 长期施钾与秸秆还田对西北地区不同种植制度下作物产量及土壤钾素的影响. 植物营养与肥料学报, 2008, 14(5): 886—893.

[83] 谭德水，金继运，黄绍文，等. 长期施钾与秸秆还田对华北潮土和褐土区作物产量及土壤钾素的影响. 植物营养与肥料学报，2008，14(1)：106—112.

[84] 王筝，鲁剑巍，张文君，等. 田间土壤钾素有效性影响因素及其评估. 土壤，2012，44(6)：898—904.

[85] 王志勇，白由路，杨俐苹，等. 低土壤肥力下施钾和秸秆还田对作物产量及土壤钾素平衡的影响. 植物营养与肥料学报，2012，18(4)：900—906.

[86] 王亚琼，牛文全，段晓辉，等. 生物炭对关中塿土不同形态钾素含量的影响. 东北农业科学，2021，46(2)：43—46，144.

[87] 黄磊，张永娥，邵芳丽，等. 冀北山地天然次生林土壤生态化学计量特征及影响因素. 生态学报，2021，41(15)：6267—6279.

[88] Pracilio G, Adams M L, Smettem K R J. Determination of spatial distribution patterns of clay and plant available potassium contents in surface soils at the farm scale using high resolution gamma ray spectrometry. Plant and Soil, 2006, 282(1—2): 67—82.

[89] 庞夙，陶晓秋，张英，等. 会理县新植烟区土壤速效钾含量空间变异特征及其影响因子. 中国烟草科学，2012，33(1)：32—36.

[90] Augusto L R, Ange R J, Binkle Y D, et al. Impact of several common tree species of European temperate forests on soil fertility. Annals of Forest Science, 2002, 59(3): 233—253.

[91] 侯晓娟，李志，崔诚，等. 武功山芒根系垂直分布及其与土壤养分的关系. 草业科学，2017，34(12)：2428—2436.

[92] 徐国华，鲍士旦，史瑞和. 土壤钾素供应状况的研究IV.禾谷类及豆类作物对土壤层间钾的利用. 南京农业大学学报，1991，14(2)：47—52.

[93] 梁成华，魏丽萍，罗磊. 土壤固钾与释钾机制研究进展. 地球科学进展，2002，17：679—684.

[94] 程明芳，金继运，黄绍文. 我国北方主要土壤非交换性钾释放速率的研究. 土壤学报，1999，36(2)：218—224.

[95] Liu C J, Westman C J, Ilvesniemi H. Matter and nutrient dynamics of pine(Pinus tabulaeformis) and oak(Quercus variabilis) litter in North China. Silva Fennica, 2001, 35(1): 3—13.

[96] 杜春燕，曾光明，张龚，等. 韶山真阔叶混交林凋落物层的淋溶及缓冲作用. 生态学报，2008，28(2)：508—516.

[97] 黄樱，费裕翀，路锦，等. 不同林下植被管理杉木人工林土壤全量养分季节动态. 湖南生态科学学报，2021，8(1)：9—13.

[98]刘欣，彭道黎，邱新彩. 华北落叶松不同林型土壤理化性质差异. 应用与环境生物学报，2018，24(4)：735—743.

[99]纪萱，陈立新，薛洪祥，等. 不同林龄红松人工林土壤养分及微量元素的变化规律. 东北林业大学学报，2007，35(7)：27—29.

[100]张汉春. 华北落叶松人工林土壤肥力的研究. 科学大众·科学教育，2012，(1)：177—178.

第5章　各林龄沙地云杉林土壤酶活性特征及其对凋落物分解和土壤养分的影响

磷酸酶由细菌、真菌和植物根产生，其作用主要是通过将复杂的、非有效态的有机形式的P转化为可吸收的磷酸盐，从而将磷酸基从基质中分离出来，提高P元素的有效性，促进吸收（Margalef, et al., 2017）。自然界中土壤磷酸酶存在较大的时空异质性（Spohn, et al., 2013），这种差异通常是由降水、光照、热量、土壤水分、温度等气候因素和土壤养分含量、微生物、有机质含量等环境因素导致的，Sardans等人发现在地中海地区土壤水分有效性降低21%会导致磷酸酶活性降低31%~40%（Sardans, et al., 2004）；土壤N、P含量和N/P对磷酸酶活性有显著的影响（Marklein, et al., 2012; Allison, et al., 2005）；钟传青等人发现，当土壤处于贫P情况下，磷酸酶活性会发生显著的提升（钟传青等, 2005）；磷酸酶的活性也会受到土壤深度显著影响，随着土层的加深，磷酸酶呈显著下降的趋势（耿玉清等, 2008）；此外磷酸酶活性与土壤pH呈显著负相关，而土壤N肥施入对磷酸酶活性的影响可能是通过N肥引起土壤pH的变化实现的（田沐雨等, 2020）。蔗糖酶在微生物的生命活动中扮演着十分重要的角色，微生物的能量主要是通过蔗糖酶降解小分子糖类化合物来实现的（Chen, et al., 2017）。关于蔗糖酶活性影响因素的研究有很多，研究表明土壤水条件是蔗糖酶活性的一个重要影响因素（陈艳鑫等, 2019; 万忠梅等, 2008）；而施入N肥可显著提高土壤蔗糖酶活性，也就是说土壤中N元素的形态与含量也会显著影响土壤蔗糖酶活性（江孟孟等, 2021）；李春喜等人的研究则表明，土壤温度对蔗糖酶活性有显著的影响，土壤温度降低，蔗糖酶活性也会随之降低（李春喜等, 2012）。植酸酶（肌醇六磷酸酶）是一种广泛分布于真菌、细菌和植物中（植物主要存在于萌发中的种子中）的酶，它的主要作用是参与肌醇的去磷酸化，也就是说该酶能释放肌醇上的磷酸基，使其变为游离态，以便于吸收（Higgins, et al., 2015）。土壤pH在很大程度上影响着植酸酶活性（Higgins, et al., 2015）；Yokoyama等人则发现，在植物的生长受到土壤中的P素限制的情况下，植物会提高植酸酶活性来获得更多的P元素（Yokoyama, et al., 2017）；此外，影响土壤植酸酶活性的另一个重要因素是土壤微生物（Eida, et al., 2013）。脲酶活性通常可以反映对N元素的矿化能力，尿素的水解作用及将部分含N有机物转化为铵盐都有脲酶的参与，从而有效提高土壤中N元素的有效性（Sardans, et al., 2008）。Gong等人的研究发现，土壤脲酶活性提高可以由温度提升进而提高微生物活性来实现（Gong, et al., 2015），且还有研究发现温度对不同群落土壤脲酶活性的影响不同（Bai, et al., 2018）。由此也可以看出，土壤酶活性受环境因子的影响往往是综合性的，如孙瑞莲等人的研究发现，土壤磷酸酶、蔗糖酶和脲酶的活性受土壤中施肥影响可以显著提高（孙瑞莲等，2008）；也有研究结果与之不同，如黄智鸿等人研究发现，土壤N、P元素的增加会提高蔗糖酶和脲酶活性，而土壤蔗糖酶和脲酶的活性会因增施有机肥降低（黄智鸿等，2016）；魏猛却发现提高土壤有机质含量可以显著提高土壤磷酸酶、蔗糖酶和脲酶活性（魏猛等，2010）；赵静等发现蔗糖酶受土壤速效P、有效锌和温度影响显著，磷酸酶活性与土壤TOC、速效P、有效锌和盐分显著相关，而有机质、土壤水分含量和盐分含量对脲酶有显著影响（赵静等，2011）；不同植被类型下土壤磷酸酶和脲酶的活性也不同（耿玉清等，2006）；高秀君等人发现，土壤磷酸酶、蔗糖酶和脲酶活性在秸秆还田处理下可以显著提高，且在处理时间不同的情况下酶活性会发生显著的变化（高秀君等，2008）。如上文所述，四种酶活性在空气、温度、降水等气候条件、土壤条件（温度、湿度、pH、有机质等）或植被组成发生变化时通常也会随之发生变化，除此之外，大量的研究表明各种酶对土壤养分含量有显著的影响，如马宁宁等的研究表明，磷酸酶可促进土壤TOC、TP和速效K的积累（马宁宁等，2010）；徐国伟等人的研究则发现，土壤TP、速效K含量显著上升受土壤中脲酶、过氧化氢酶和磷酸酶活性的提升影响（徐国伟等，2009）；邱现奎等人的研究结果表明，脲酶与磷酸酶活性与土壤碱解N显著正相关，土壤脲酶活性与速效P含量显著正相关（邱现奎等，2010）；赵海燕等人发现，土壤TOC、速效N和速效K与脲酶活性呈显著正相关，土壤TOC、速效N、速效P、速效K与磷酸酶活性呈显著正相关（赵海燕等，2015）；冯瑞章等发现，磷酸酶活性与土壤TOC、TN、速效N、速效K和微生物P等显著正相关（冯瑞章等，2007）；土壤TN、TC、微生物C与土壤脲酶、磷酸酶活性呈显著正相关（荆瑞勇等，2015）；战厚强的研究发现速效P和速效K含量与磷酸酶活性显著正相关，土壤蔗糖酶活性提高有利于无机N、铵态N、硝态N、速效P和速效K的积累，土壤脲酶活性提高可增加土壤无机N、铵态N和硝态N含量（战厚强，2015）；张桂玲则发现，脲酶是影响土壤碱解N、速效K、TN和TOC的最主要土壤酶（张桂玲等，2011）。

综上所述，凋落物归还处理以及处理时间、土层深度、土壤温度、湿度、pH和植被类型对土壤磷酸酶、蔗糖酶、植酸酶和脲酶有显著的影响，而四种酶对土壤养分也影响显著。但综合上述结果来看，在不同的地区或不同的森林群落，这种影响往往是不同的，需要进一步研究来验证。

5.1　各林龄沙地云杉林土壤酶活性的纵向变化

在本研究中，随着土壤深度的增加，土壤磷酸酶和蔗糖酶活性呈显著的下降趋势，除5年生林磷酸酶活性未在10~20 cm而在20~30 cm土层出现显著的下降外，其余林龄沙地云杉林土壤磷酸酶和蔗糖酶均在0~20 cm土层发生了显著的下降。而除40年生林脲酶在10~20 cm土层发生一次显著下降外，其他林龄沙地云杉林土壤植酸酶和脲酶随着土层的加深均无显著变化。（见图5-1）

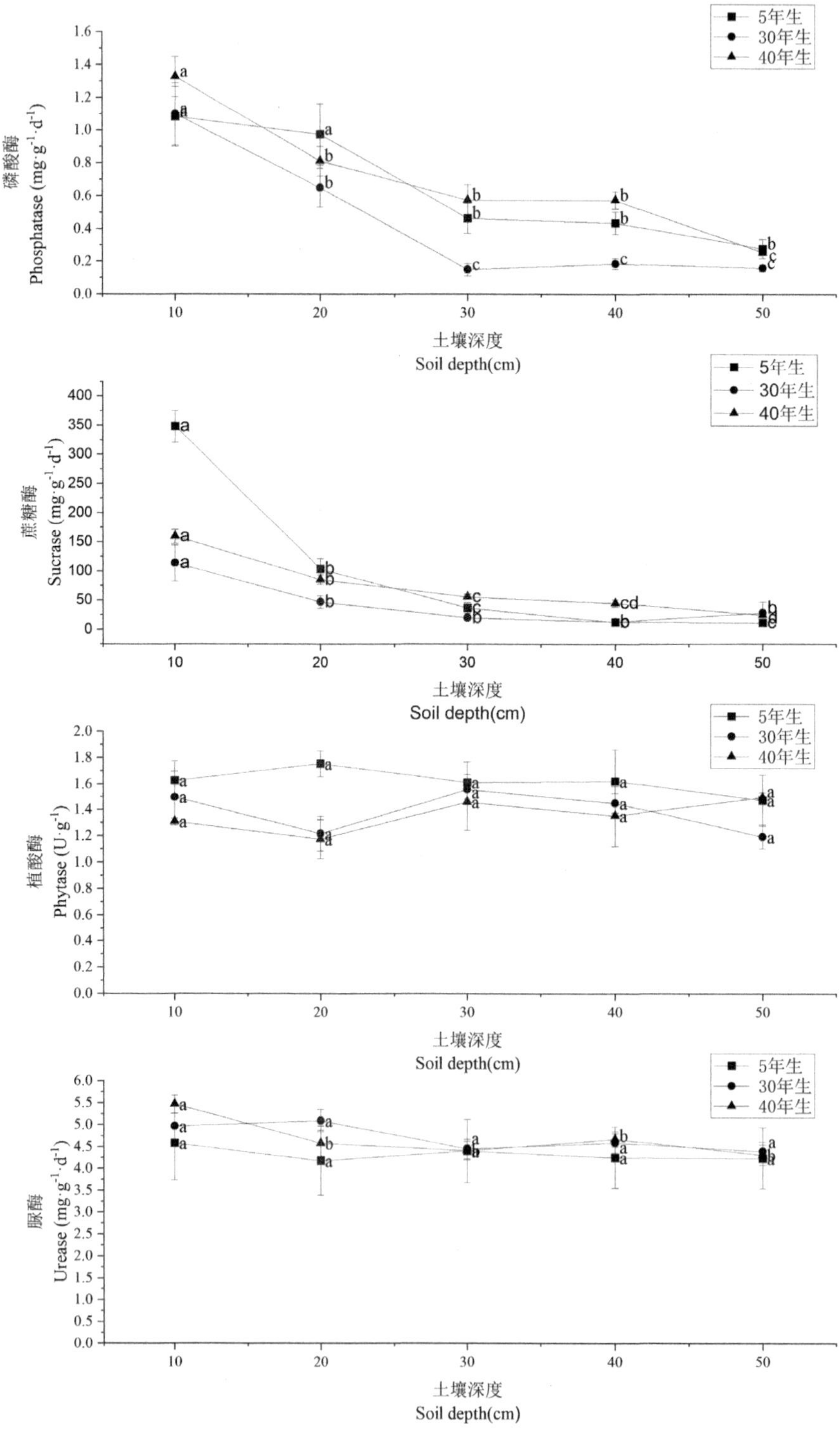

图5-1　不同林龄沙地云杉林土壤酶活性纵向变化

Fig 5-1　Vertical variation of soil enzyme activity in different ages of Picea mongolica forests

注：不同字母表示不同土壤深度间存在显著差异性。

5.2 凋落物处理时间和林龄对土壤酶活性的影响

30年生林和40年生林0~10 cm土层、30年生林10~20 cm土层、40年生林30~40 cm土层和5年生林40~50 cm土壤磷酸酶活性随凋落物处理时间的增加呈显著的上升趋势，其余林龄沙地云杉林各土层土壤磷酸酶活性均呈先上升而后下降的趋势，磷酸酶活性的峰值主要出现在凋落物处理的第6~10个月。凋落物处理的第4~8个月0~20 cm 土层土壤和所有凋落物处理时间30~50 cm土层中，5年生林和40年生林磷酸酶活性显著高于30年生林，而在凋落物处理时间为10~12个月的0~20 cm土层中，40年生林土壤磷酸酶活性显著高于5年生林。（见图5-2）

随着凋落物处理时间的增加，5年生林和40年生林0~10 cm土层蔗糖酶活性呈先下降而后上升的趋势，蔗糖酶活性峰值均出现在凋落物处理时间为12月时；30年生林40~50 cm土层蔗糖酶活性随着凋落物处理时间的增加呈下降趋势；其余林龄沙地云杉林各土层土壤蔗糖酶活性均呈先上升后下降的趋势，蔗糖酶活性的峰值出现在第6~10个月。在凋落物处理时间相同的情况下，除凋落物处理时间为10个月的40年生林0~20 cm土层土壤蔗糖酶活性与5年生林无显著差异外，5年生林0~20 cm土层土壤蔗糖酶活性均显著高于30年生林和40年生林；40年生林20~40 cm土层土壤蔗糖酶活性显著高于30年生林土壤；在40~50 cm土层，除凋落物处理时间为4个月时30年生林蔗糖酶活性显著高于其他两林龄土壤外，其余凋落物处理时间40年生林土壤蔗糖酶活性均显著高于30年生林。（见图5-3）

40年生林0~10 cm土层土壤植酸酶随凋落物处理时间的增加无显著变化，30年生林10~20 cm土层土壤植酸酶活性随凋落物处理时间的增加呈显著的上升趋势；30年生林和40年生林40~50 cm土壤植酸酶活性随凋落物处理时间的增加呈显著下降趋势；其他林龄沙地云杉林各土层土壤植酸酶活性均呈先上升后下降的趋势，其峰值出现在凋落物处理时间为6~8个月时。除凋落物处理为10~12个月0~10 cm土壤30年生林植酸酶活性显著高于5年生林外，其他情况下5年生林0~20 cm土壤植酸酶活性显著高于30年生林，而40年生林0~20 cm土壤植酸酶显著低于5年生林土壤；5年生林30~50 cm土壤植酸酶活性在凋落物处理时间为4~8个月时显著高于30年生林土壤，在凋落物处理时间为10~12个月时植酸酶无显著规律。（见图5-4）

各土层5年生林土壤脲酶活性均随凋落物处理时间的增加呈先下降随后上升的趋势，5年生林脲酶含量的最低值均出现在凋落物处理时间为8月的情况；30年生林和40年生林各土层土壤脲酶活性均随凋落物分解的进行呈先上升后下降的变化趋势，其最大值主要出现在凋落物处理的第6~10个月。（见图5-5）

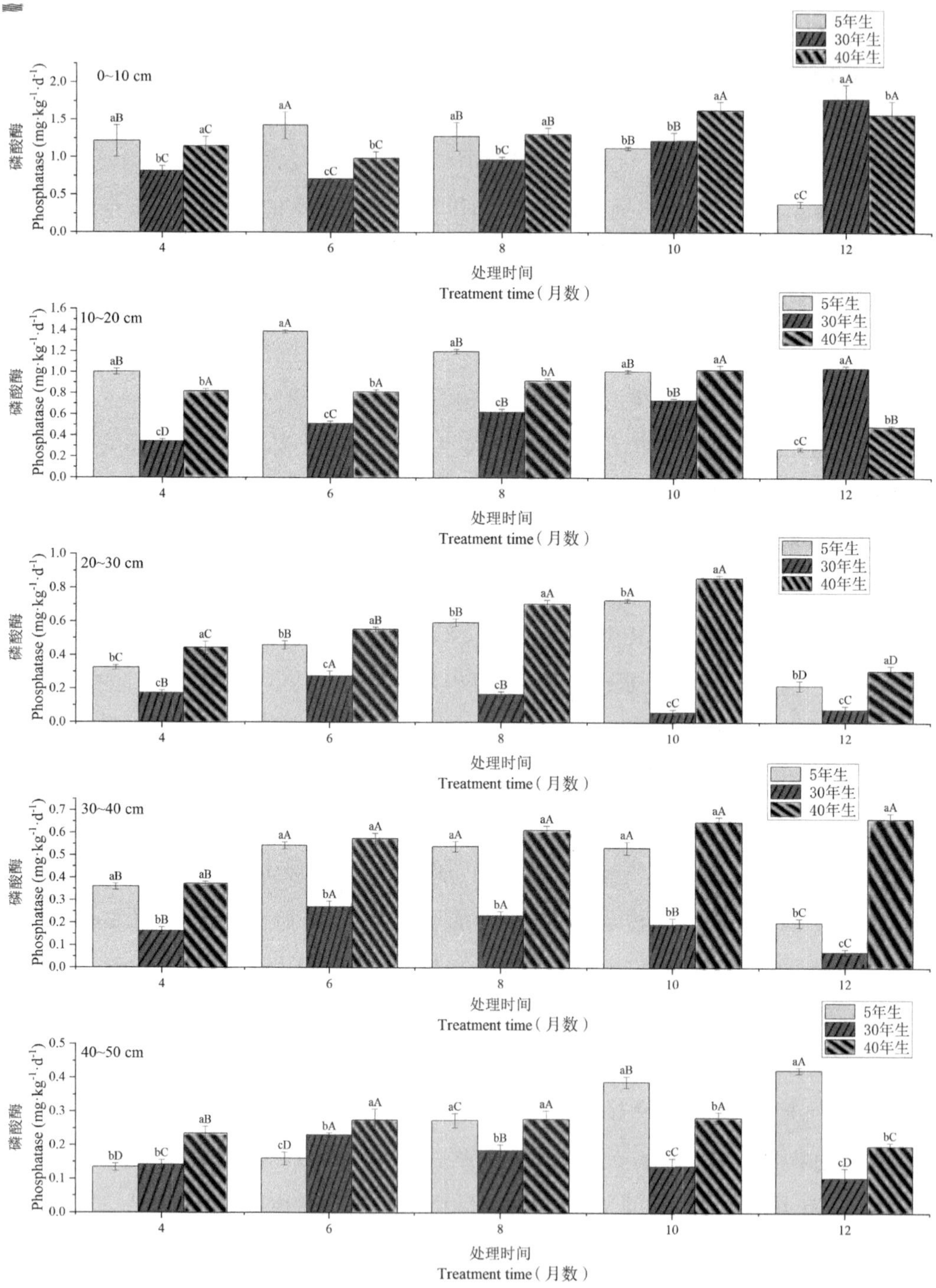

图5-2　处理时间和林龄对各土层沙地云杉林土壤磷酸酶活性的影响

Fig 5-2　Effects of treatment time and forest age on soil phosphatase activity of Picea mongolica of soil layers

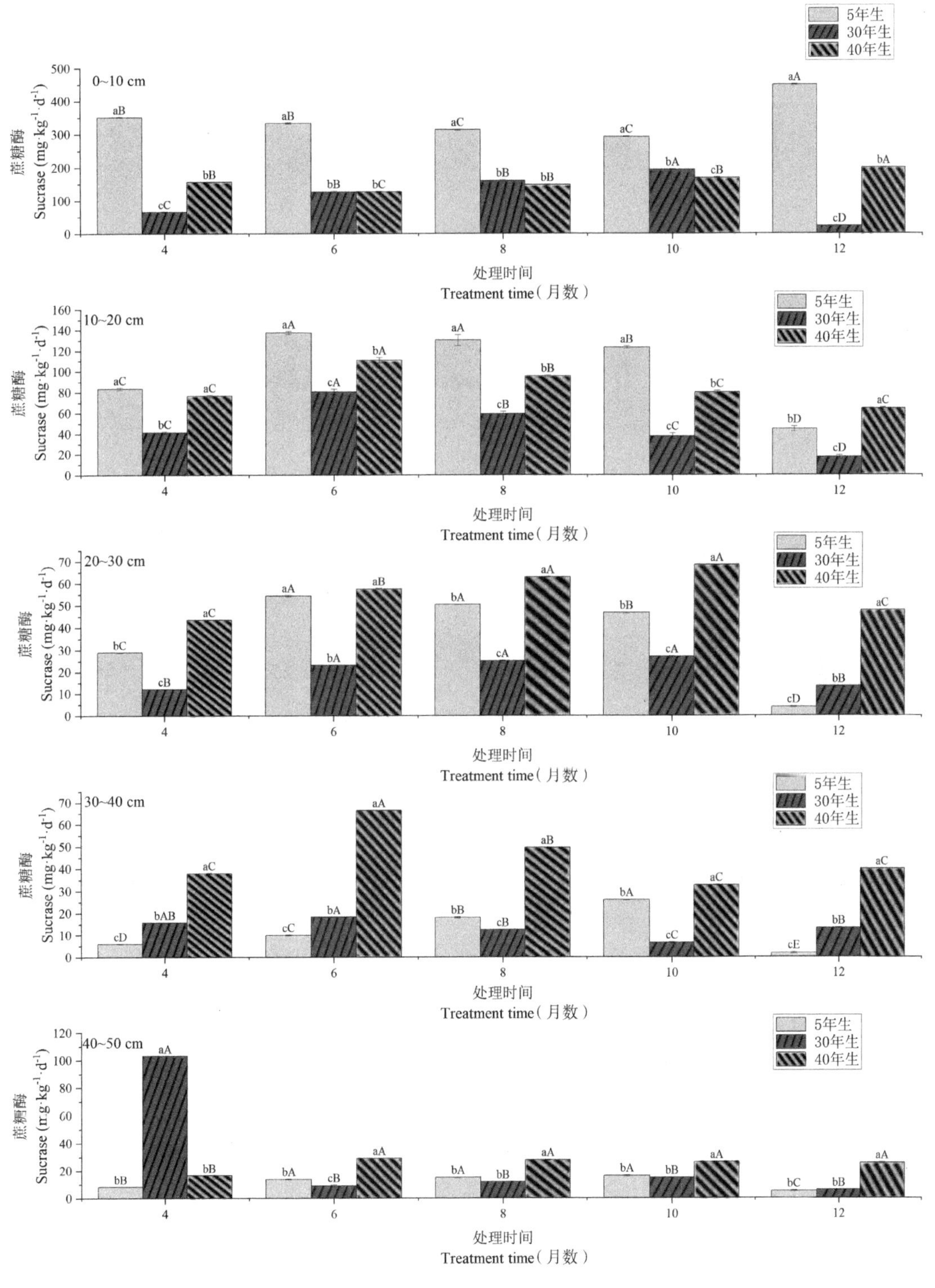

图5-3　处理时间和林龄对各土层沙地云杉林土壤蔗糖酶活性的影响

Fig 5-3　Effects of treatment time and forest age on soil sucrase activity of Picea mongolica of soil layers

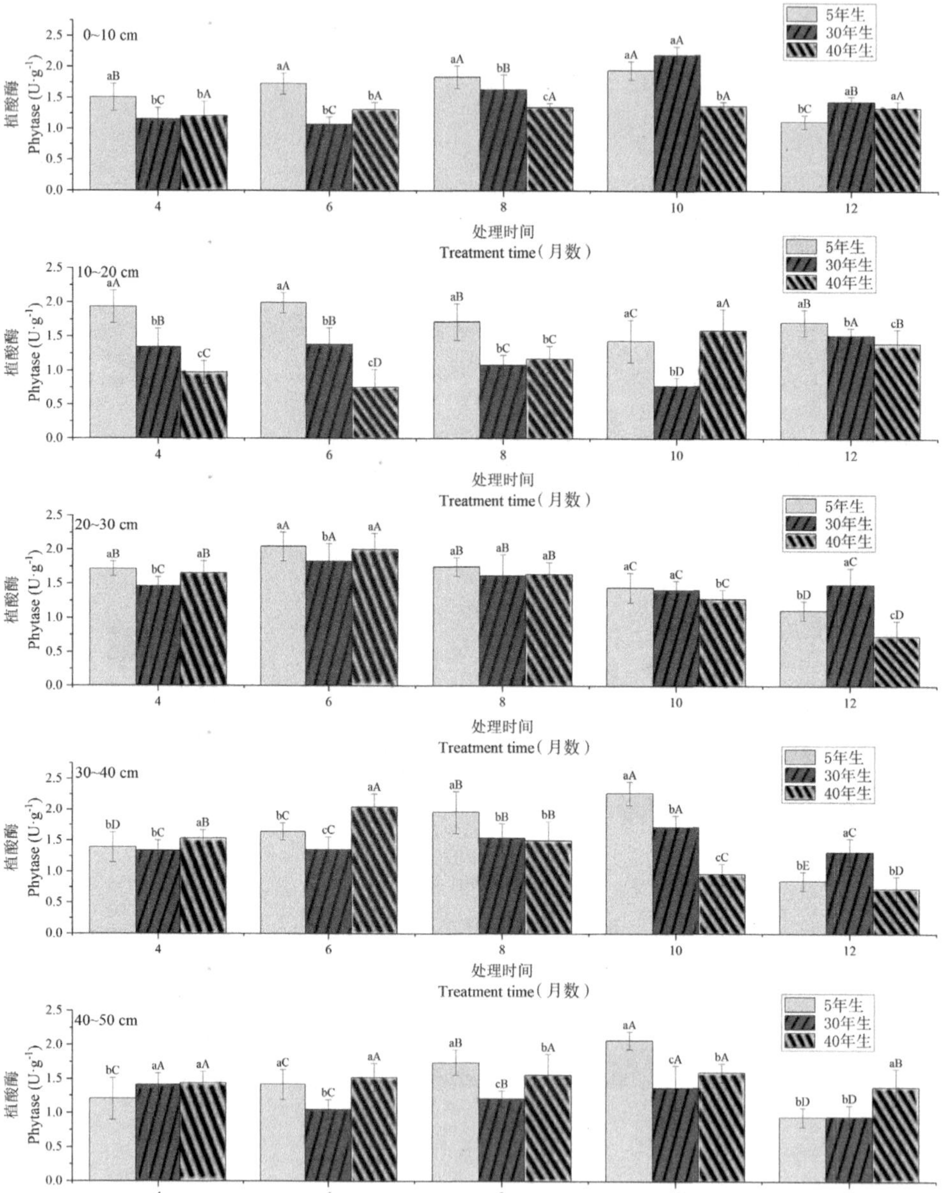

图5-4 处理时间和林龄对各土层沙地云杉林土壤植酸酶活性的影响

Fig 5-4 Effects of treatment time and forest age on soil phytase activity of Picea mongolica of soil layers

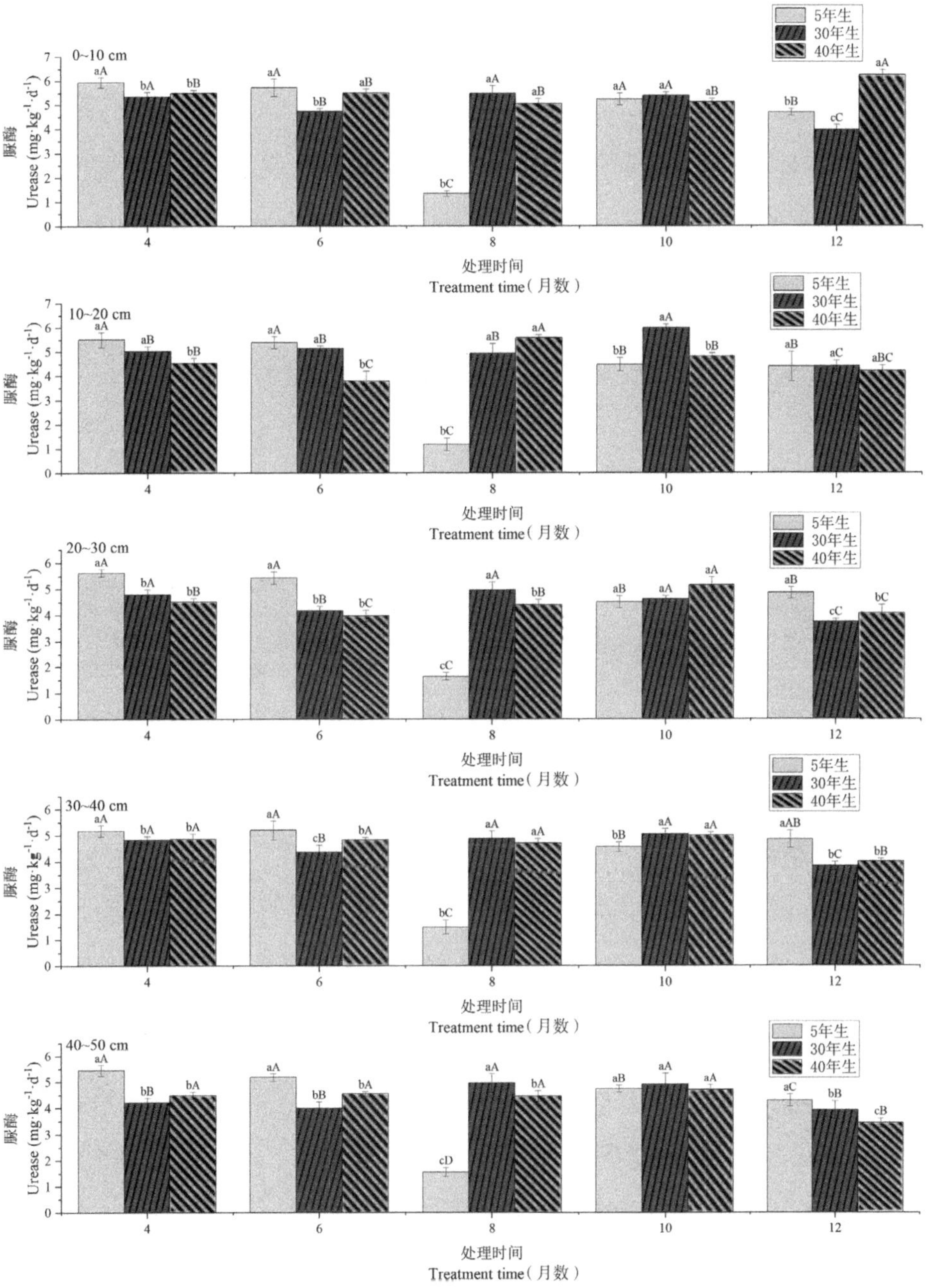

图5-5　处理时间和林龄对各土层沙地云杉林土壤脲酶活性的影响

Fig 5-5　Effects of treatment time and forest age on soil urease activity of Picea mongolica of soil layers

5.3 土壤酶活性与环境、凋落物和土壤因子之间的关系

土壤磷酸酶活性与土壤深度和土壤pH呈显著负相关，与土壤温度和土壤湿度呈显著正相关，与处理时间和林龄无显著相关关系；而土壤蔗糖酶活性与林龄和土壤深度呈显著负相关，与土壤湿度呈显著正相关，与其他因子不相关；土壤植酸酶与凋落物处理时间和林龄呈显著负相关，与土壤温湿度呈显著正相关，与其他因子无显著相关关系；土壤脲酶活性与凋落物处理时间和土壤深度呈显著负相关，与林龄呈显著正相关，与土壤pH、温度和湿度无显著相关关系。（见表5-1）

表5-1 处理时间和环境因子与土壤酶活性之间的相关关系

Tab5-1 Correlation between treatment and environmental factors and soil enzyme activities

	磷酸酶 Phosphatase	蔗糖酶 Sucrase	植酸酶 Phytase	脲酶 Urease
处理时间Processing time	0.035	-0.023	-0.169*	-0.188**
林龄Forest age	-0.004	-0.182**	-0.327**	0.163*
土壤深度Soil depth	-0.760**	-0.677**	-0.034	-0.212**
土壤pH soil pH	-0.209**	-0.048	0.047	0.016
温度Temperature	0.219**	0.128	0.329**	0.092
湿度Humidity	0.274**	0.176**	0.266**	-0.004

注：**在0.01级别（双尾），相关性显著；*在0.05级别（双尾），相关性显著。

土壤磷酸酶活性与凋落物TP含量显著负相关，与凋落物N/P和分解系数显著正相关，与其他凋落物分解特征不相关。这表明土壤磷酸酶对凋落物中P元素的释放和淋溶有很重要的促进作用，并以此促进凋落物的分解。

土壤蔗糖酶活性与各个凋落物分解特征均无显著相关关系。

土壤植酸酶活性与凋落物TC、TK、凋落物C/N、C/P和凋落物残留率显著正相关；与凋落物TN和凋落物质量损失率显著负相关，与其他凋落物分解特征无显著相关关系。即植酸酶活性的提升会促进凋落物中除C和K元素外的其他元素的分解，且植酸酶活性过高会抑制凋落物的分解。

土壤脲酶活性与凋落物TC和凋落物残留率呈显著负相关，与凋落物质量损失率呈显著负相关，与其他特征不相关。由此可知，脲酶可促进凋落物C元素的消耗，并促进凋落物的分解。（见表5-2）

表5-2　凋落物分解特征化学组成及生态化学计量特征与土壤酶活性之间的相关关系

Tab5-2　Correlation between decomposition characteristics, chemical composition and ecological stoichiometry of litters and soil enzyme activity

	磷酸酶 Phosphatase	蔗糖酶 Sucrase	植酸酶 Phytase	脲酶 Urease
凋落物全碳Litter TC	−0.035	0.068	0.260**	0.132*
凋落物全氮Litter TN	0.048	−0.057	−0.179**	−0.113
凋落物全磷Litter TP	−0.134*	0.073	−0.022	0.029
凋落物全钾Litter TK	−0.049	0.054	0.210**	0.122
碳/氮C/N	−0.045	0.059	0.214**	0.129
碳/磷C/P	0.054	0.010	0.181**	0.090
氮/磷N/P	0.140*	−0.082	−0.111	−0.089
质量损失率Mass loss rate	0.074	−0.046	−0.203**	−0.173**
凋落物残留率Litter residue rate	−0.074	0.046	0.203**	0.173**
分解系数*k* Decomposition coefficient *k*	0.173**	−0.033	0.096	−0.037

注：**在0.01级别（双尾），相关性显著；*在0.05级别（双尾），相关性显著。

土壤磷酸酶活性除与土壤$NaHCO_3$−P_o、NaOH−P_i和土壤N/P无显著相关关系外，与其他土壤养分含量和生态化学计量特征均呈显著正相关。

除土壤TOC、NaOH−P_o、NaOH−P_i、HCl−P_i、Res−P_i含量以及土壤C/N、C/P和N/P与土壤蔗糖酶活性无显著相关关系外，其余土壤养分含量均与蔗糖酶活性呈显著正相关。

土壤植酸酶活性与土壤TN、硝态N、H_2O−P_i和土壤N/P呈显著正相关，与HCl−P_i含量呈显著负相关，与其他土壤养分含量和化学计量特征不相关。

土壤脲酶活性与土壤TOC、NaOH−P_i、$NaHCO_3$−P_i、Res−P_i、速效K和土壤C/N呈显著正相关，与H_2O−P_i呈显著负相关，与其他土壤养分含量无相关关系。（见表5-3）

表5-3　土壤养分含量和生态化学计量特征与土壤酶活性之间的相关关系

Tab5-3　Correlation between soil nutrients and ecological stoichiometry of litters and soil enzyme activity

	磷酸酶 Phosphatase	蔗糖酶 Sucrase	植酸酶 Phytase	脲酶 Urease
土壤有机碳Soil organic carbon	0.190**	0.089	−0.114	0.220**
全氮TN	0.421**	0.404**	0.177**	0.061
铵态氮Ammonium nitrogen	0.221**	0.191**	0.045	0.085
硝态氮Nitrate nitrogen	0.344**	0.253**	0.198**	−0.035
全磷TP	0.326**	0.260**	−0.071	0.112
速效磷Available P	0.378**	0.222**	−0.104	0.109

续表

	磷酸酶 Phosphatase	蔗糖酶 Sucrase	植酸酶 Phytase	脲酶 Urease
总有机磷 Total organic phosphorus	0.206**	0.185**	−0.067	0.085
碳酸氢钠有机磷$NaHCO_3$-P_o	0.126	0.096	−0.022	−0.124
氢氧化钠有机磷NaOH-P_o	0.191**	0.187**	−0.078	0.223**
总无机磷Total inorganic phosphorus	0.424**	0.300**	−0.052	0.121
水溶性无机磷H_2O-P_i	0.531**	0.423**	0.161*	−0.191**
碳酸氢钠无机磷$NaHCO_3$-P_i	0.341**	0.228**	0.006	0.206**
氢氧化钠无机磷NaOH-P_i	0.048	0.030	−0.081	−0.067
酸溶性无机磷HCl-P_i	0.154*	0.046	−0.167*	0.076
无机残渣磷Res-P_i	0.190**	0.121	−0.123	0.232**
全钾TK	0.512**	0.214**	−0.043	−0.003
速效钾Available K	0.444**	0.489**	0.051	0.208**
土壤C/N	0.165*	0.061	−0.124	0.191**
土壤C/P	0.167*	0.024	−0.094	0.122
土壤N/P	0.067	0.071	0.255**	0.026

注：**在0.01级别（双尾），相关性显著；*在0.05级别（双尾），相关性显著。

5.4 讨论

5.4.1 土壤及环境因素变化对土壤酶活性的影响

土壤酶活性是影响凋落物分解、凋落物化学组成变化、土壤养分变化的重要因素之一。本研究发现整体上随着土层的加深，土壤磷酸酶和蔗糖酶活性呈显著的下降趋势，而土壤植酸酶和脲酶随着土层的加深变化不显著。磷酸酶活性随深度增加呈下降趋势这一结果与耿玉清等人研究中发现的磷酸酶活性随土层加深而降低的结果相似（耿玉清等，2008），其主要原因可能在于土壤有机P往往聚集于土壤表面，因而需要高的磷酸酶活性对其进行分解，同时产生磷酸酶的植物或微生物也可以获得更多的生存资源。蔗糖酶活性随土层加深而降低的原因可能在于表层具有更多的小分子糖类，且如李春喜等人的研究结果，蔗糖酶活性随土壤温度降低而呈降低趋势（李春喜等，2012），因而蔗糖酶活性随着土层的加深而下降的原因也可能为：随着土壤的加深温度随之下降，进而导致蔗糖酶活性降低。土壤磷酸酶活性与土壤pH呈显著负相关，这与田沐雨等人的研究结果相同（田沐雨等，2020），这可能与磷酸酶本身蛋白活性所需要的酸碱性有关，磷酸酶、蔗糖酶和脲酶活性与土壤深度负相关这与耿玉清等人的研究结果相同（耿玉清等，2008），其主要原因可能在于其底物随土层加深而减少，磷酸酶、蔗糖酶和植酸酶与土壤温度和土壤湿度显著正相关，这可能是由温湿度改变微生物活性引起的；蔗糖酶与凋落物处理时间呈负相关的原因尚不明确，可能是通过影响气候变化对其间接影响。土壤中植酸酶活性主要受到土壤pH的影响（Higgins, et al., 2015），由于土壤pH在纵向上无明显变化，因而植酸酶活性也无显著变化。本研究中，土壤磷酸酶、蔗糖酶、植酸酶和脲酶活性随着凋落物处理时间的增加均呈显著上升趋势或先上升随后下降趋势。这与袁亮等人的研究结果相似（袁亮等，2007）。由于上述四种酶活性对环境变化比较敏感，土壤养分组成（孙瑞莲等，2008）、温度（Bai, et al., 2018）、土壤水分条件（赵静等，2011）等均会对其产生显著的影响，因而四种酶活性的月际变化可能是由于土壤温度、湿度、pH甚至土壤生态化学计量特征的时间变化引起的。且本研究中四种酶活性与凋落物分解系数以及土壤养分组成的变化趋势一致，说明凋落物分解速度和土壤养分含量的变化很大程度上是由四种酶活性变化所导致的。而凋落物化学组成的变化特征与酶活性并不一致，主要可能是由于凋落物化学组成的变化是一个长期积累的过程，并非一个月内酶活性可以直接影响到的。除部分处理30年生林土壤脲酶活性显著高于其他两种处理外，其他情况30年生林其他三种土壤酶活性均显著低于其他两种处理。

5.4.2　凋落物及土壤养分变化对土壤酶活性的影响

不同植被类型下土壤酶活性不同（耿玉清等，2006），这可能是由于不同植被下土壤微生物或土壤养分含量的不同导致的。整体来看，在本研究中，5年生林土壤N组分含量最高，而30年生林其他组分土壤养分含量最高，考虑到脲酶主要作用为将有机P矿物质化（Sardans, et al., 2007），矿化后的N元素更利于植物的吸收，且根据凋落物N元素含量随着分解时间的变化结果来看，从凋落物中还原到土壤中的N元素较少，因而导致土壤N元素含量降低，其他处理土壤虽然也仅从土壤中获得少量的N元素，但其矿化受到了脲酶活性的限制，因而保留了较高的有机N。整体上来看5年生林土壤磷酸酶、蔗糖酶和植酸酶活性较高，这说明三种酶将凋落物中的有机C、P和K元素转化为土壤中的可溶性有效态，并被植物所吸收，凋落物中C、P和K含量的降低也印证了这一点，这与赵海燕、冯瑞章等人的研究结果相似（赵海燕等，2015；冯瑞章等，2007）。土壤磷酸酶活性与凋落物TP含量显著负相关，与凋落物N/P和分解系数显著正相关，这说明磷酸酶促进了凋落物中P元素的分解，这也验证了上文关于凋落物和土壤P元素之间关系的猜想。土壤蔗糖酶活性与各个凋落物分解特征均无显著相关关系，主要原因在于凋落物中低分子糖类会直接经由降水淋溶到土壤中，其减少不需要蔗糖酶的参与，因而蔗糖酶对凋落物的分解无显著影响。植酸酶活性与凋落物N元素负相关，即植酸酶有利于凋落物N元素的分解，但N分解会提高土壤C/N，从而降低凋落物的分解能力（Zechmeister, et al., 2015），因而与凋落物C、K和凋落物残留率显著正相关。脲酶可以显著促进凋落物的分解，并促进C元素的消耗。四种酶对土壤养分含量的影响与其他人的研究结果相似，即土壤磷酸酶和脲酶均与总TOC和速效K呈显著正相关（张桂玲等，2011；荆瑞勇等，2015）。除此之外，磷酸酶活性的提高对土壤各组分N、K和大部分P组分均有显著的促进作用，由于本研究区处于半干旱地区，土壤P元素比较匮乏，因而磷酸酶可能通过将凋落物中P分解到土壤中，提高土壤微生物活性，进而对整个土壤各元素产生影响。土壤蔗糖酶活性与土壤各组分N、K和大部分P元素含量显著正相关，而与TOC含量无关，主要原因可能在于土壤蔗糖酶的主要功能是为微生物的生命活动提供能量（Chen，et al.，2017），因而间接对各种土壤养分含量产生影响。植酸酶可以将稳定的有机P转化为有活性的水溶性P（Higgins，et al.，2015），因而其活性与水提取态无机磷呈显著正相关，并可能通过为植物和微生物提供P源，进而促进N元素在土壤中的富集。

5.5 本章小结

通过对经过不同凋落物处理时间的各林龄沙地云杉0~50 cm各土层土壤磷酸酶、蔗糖酶、植酸酶和脲酶等土壤酶活性进行测定，将其与环境特征、凋落物特征和土壤特征进行系统性的分析，得出如下结论：

（1）磷酸酶和蔗糖酶随土层加深呈降低趋势，而植酸酶和脲酶无显著变化；对30年生林进行12个月的凋落物处理后土壤磷酸酶活性最高，蔗糖酶活性最高值出现在5年生林凋落物处理的第12个月，磷酸酶、蔗糖酶和脲酶活性的最高值分别出现在30年生林、5年生林和40年生林经12个月凋落物处理后的沙地云杉林中，植酸酶活性峰值则在对30年生林进行第10个月的凋落物处理。

（2）环境因子对四种酶活性影响不同，其中土壤湿度与土壤磷酸酶、蔗糖酶和植酸酶均呈显著正相关，土壤温度与磷酸酶和植酸酶显著正相关，土壤pH仅与磷酸酶负相关。除植酸酶外，其余土壤酶均与土层厚度显著负相关。

（3）四种酶中，仅有磷酸酶与凋落物分解系数显著正相关；植酸酶和脲酶与凋落物C含量显著正相关；植酸酶可显著促进凋落物N元素的分解；磷酸酶则促进凋落物P元素的分解；植酸酶活性与凋落物K含量显著正相关，说明植酸酶一定程度上抑制了凋落物中K元素的分解。

（4）磷酸酶除与部分微量土壤P组分无显著相关关系外，与土壤各组分C、N、P和K组分含量均呈显著正相关；蔗糖酶活性与土壤TOC不相关，与其他土壤养分特征呈显著正相关；植酸酶仅与土壤N组分和H_2O-P_i含量呈显著正相关；而脲酶活性与土壤总TOC和速效K呈显著正相关。

参考文献

[1] Margalef O, Sardans J, Fernandez-Martinez M, et al. Global patterns of phosphatase activity in natural soils. Scientific Reports, 2017, 7(1): 1337.

[2] Spohn M, Kuzyakov Y. Phosphorus mineralization can be driven by microbial need for carbon. Soil Biology and Biochemistry, 2013, 61(6): 69—75

[3] Sardans J, Peñuelas J. Increasing drought decreases phosphorus availability in an evergreen Mediterranean forest. Plant Soil, 2004, 267: 367—377

[4] Marklein Alison R, Houlton Benjamin Z. Nitrogen inputs accelerate phosphorus cycling rates across a wide variety of terrestrial ecosystems. The New phytologist, 2012, 193(3): 696—704

[5] Allison, S D. Vitousek, P M. Responses of extracellular enzymes to simple and complex nutrient inputs. Soil Biology and Biochemistry. 2005, 37: 937—944

[6] 钟传青, 黄为一. 不同种类解磷微生物的溶磷效果及其磷酸酶活性的变化. 土壤学报, 2005(2): 286—294.

[7] 耿玉清, 白翠霞, 赵广亮, 等. 土壤磷酸酶活性及其与有机磷组分的相关性.北京林业大学学报, 2008, 30(S2): 139—143.

[8] 田沐雨, 于春甲, 汪景宽, 等. 氮添加对草地生态系统土壤pH、磷含量和磷酸酶活性的影响. 应用生态报, 2020, 31(9): 2985—2992.

[9] Chen Y M, Sui Y Y, Jiao X G. et al. Eight-Year Cattle Manure Amendment Alters Chemical and Biochemical Properties of Eroded Mollisols. Agronomy Journal, 2017, 109(1): 80—85.

[10] 陈艳鑫, 耿玉清, 黄金, 等. 青海湖鸟岛地区不同淹水条件下土壤酶活性的差异及其影响因素. 生态学杂志, 2019, 38(3): 735—743.

[11] 万忠梅, 宋长春, 郭跃东, 等. 毛苔草湿地土壤酶活性及活性有机碳组分对水分梯度的响应. 生态学报, 2008, 28(12): 5980—5986.

[12] 江孟孟, 赵喜辉, 谢小文, 等. 氮肥形态与干湿交替灌溉下水稻土壤酶及养分差异. 植物生理学报, 2021, 57(5): 1123—1134.

[13] 李春喜, 姜丽娜, 林琳, 等. 低温对小麦幼苗根际土壤酶活性的影响. 华北农学报, 2012, 27(6): 92—96.

[14] Higgins N F, Crittenden P D. Phytase activity in lichens. New Phytologist, 2015, 208

(2): 544—554.

[15] Yokoyama D, Imai N, Kitayama K. Effects of nitrogen and phosphorus fertilization on the activities of four different classes of fine-root and soil phosphatases in Bornean tropical rain forests. Plant and Soil, 2017, 416 (1—2): 463—476.

[16] Eida M F, Nagaoka T, Wasaki J. et al. Phytate Degradation by Fungi and Bacteria that Inhabit Sawdust and Coffee Residue Composts. Microbes and Environments, 2013, 28 (1): 71—80.

[17] Sardans J, Peñuelas J. Estiarte M. Changes in soil enzymes related to C and N cycle and in soil C and N content under prolonged warming and drought in a Mediterranean shrubland. Applied Soil Ecology, 2008, 39 (2): 223—235.

[18] Gong S, Zhang T, Guo R, et al. Response of soil enzyme activity to warming and nitrogen addition in a meadow steppe. Soil Research.2015, 53: 242—252.

[19] Yinping Bai, Feng Li, Gang Yang, et al. Meta-analysis of experimental warming on soil invertase and urease activities. Acta Agriculturae Scandinavica, Section B-Soil and Plant Science, 2018, 68 (2): 104—109.

[20] 孙瑞莲, 赵秉强, 朱鲁生, 等. 长期定位施肥田土壤酶活性的动态变化特征. 生态环境, 2008, 17 (5): 2059—2063.

[21] 黄智鸿, 赵海超, 魏东, 等. 不同施肥措施对春玉米农田土壤酶活性的影响. 中国土壤与肥料, 2016, 265 (5): 18—24.

[22] 魏猛. 施肥对土壤养分及文冠果生长和养分吸收的影响研究. 泰安: 山东农业大学, 2010.

[23] 赵静, 韩甜甜, 谢兴斌, 等. 酸化梨园土壤酶活性与土壤理化性质之间的关系. 水土保持学报, 2011, 25 (4): 115—120.

[24] 耿玉清, 白翠霞, 赵铁蕊, 等. 北京八达岭地区土壤酶活性及其与土壤肥力的关系. 北京林业大学学报, 2006, 28 (5): 7—11.

[25] 高秀君, 张仁陟, 杨招弟. 不同耕作方式对旱地土壤酶活性动态的影响. 土壤通报, 2008, 39 (5): 1012—1016.

[26] 马宁宁, 李天来, 武春成, 等. 长期施肥对设施菜田土壤酶活性及土壤理化性状的影响. 应用生态学报, 2010, 21 (7): 1766—1771.

[27] 徐国伟, 段骅, 王志琴, 等. 麦秸还田对土壤理化性质及酶活性的影响. 中国农业科学, 2009, 42 (3): 934—942.

[28] 邱现奎, 董元杰, 万勇善, 等. 不同施肥处理对土壤养分含量及土壤酶活性的影响. 土壤, 2010, 42 (2): 249—255.

[29] 赵海燕，徐福利，王渭玲，等. 秦岭地区华北落叶松人工林地土壤养分和酶活性变化. 生态学报，2015，35(4)：1086—1094.

[30] 冯瑞章，周万海，龙瑞军，等. 江河源区不同建植期人工草地土壤养分及微生物量磷和磷酸酶活性研究. 草业学报，2007，26(6)：1—6.

[31] 荆瑞勇，曹焜，刘俊杰，等. 东北农田黑土土壤酶活性与理化性质的关系研究. 水土保持研究，2015，22(4)：132—137，142.

[32] 战厚强. 水稻秸秆还田对土壤酶活性及土壤养分的影响. 哈尔滨：东北农业大学，2015.

[33] 张桂玲. 秸秆和生草覆盖对桃园土壤养分含量、微生物数量及土壤酶活性的影响. 植物生态学报，2011，35(12)：1236—1244.

[34] 袁亮，李絮花，李润，等. 设施栽培土壤磷酸酶活性及其与土壤养分的关系. 山东农业科学，2007，(2)：80—83.

[35] Zechmeister-Boltenstern，Sophie，Keiblinger，et al. The application of ecological stoichiometry to plant-microbial-soil organic matter transformations. Ecological Monographs：Official Publication of the Ecological Society of America，2015，(2)：133—155.

结 论

本研究通过对白音敖包自然保护区内5年生林、30年生林、40年生林三种林龄沙地云杉林进行为期12个月的凋落物处理，对三种不同林龄沙地云杉林中凋落物分解和养分组成动态变化及其影响机制，凋落物处理时间、林龄和土壤深度对沙地云杉林土壤养分含量的影响，以及凋落物特征和环境因子对土壤养分含量的影响进行研究，旨在为人工调控沙地云杉林土壤养分含量提供技术支持和理论基础。主要结论如下：

（1）凋落物处理时间、沙地云杉林的林龄、土壤温度和土壤湿度均对凋落物的分解有显著的影响。在不同林龄沙地云杉林中，30年生林和40年生林凋落物分解速度均高于5年生林；且各林龄沙地云杉林中凋落物的分解速度均随着凋落物分解处理时间的增加而加快。土壤温度和土壤湿度对凋落物的分解有显著的促进作用。

（2）凋落物处理时间、沙地云杉林的林龄均对凋落物的元素组成有显著的影响，但土壤温度和土壤湿度对凋落物的元素组成无显著影响。具体来说，随着分解的进行，各林龄沙地云杉林中凋落物C和K元素含量显著下降但N元素含量显著上升，即凋落物中C和K元素的分解和淋溶速率较高，而N元素的分解和淋溶速度较低。不同林龄间凋落物C、K元素含量表现为5年生林＞30年生林＞40年生林，而N元素则正相反，说明5年生林凋落物中N元素损失较大，40年生林中则C和K元素大量分解。P元素随凋落物处理时间和林龄变化无明显变化规律，凋落物在40年生林进行8个月的分解处理后，其凋落物含P量最高。

（3）不同林龄沙地云杉林中凋落物的生态化学计量特征差异是导致不同林龄沙地云杉林凋落物分解特征产生差异的主要原因之一。在5年生林中，凋落物N、P流失过快，导致凋落物C/N和C/P显著上升，N/P显著下降，而在40年生林中产生的现象刚好相反。因而40年生林中凋落物分解速率显著高于5年生林。

（4）不同凋落物处理时间、不同沙地云杉林林龄和不同土层深度下的土壤养分含量存在显著的差异，即三者对土壤养分含量有显著的影响，具体影响为：随着土层深度的增加，除NaOH-P_o含量无明显变化规律外，其余各土壤养分特征均呈显著下降趋势，这种下降主要出现在20~30 cm土层，说明凋落物处理主要提升30 cm以上的土壤的养分含量，对下层土壤影响较小。随着凋落物处理的进行，整体上所有土壤养分含量均呈先上升后下降的趋势，其峰值主要出现在处理的第6~10个月。说明在凋落物处理第10个月前凋落物向土壤中的养分释放量高于土壤中消耗和流失量，而在凋落物分解后期土壤养分消耗量要高于凋落物释放量。凋落物处理后的30年生林土壤养分含量通常显著高于其他两林龄下土壤。最利于土壤养分积累的处理为：对30年生沙地云杉林进行8~10个月的凋落物处理，该处理下土壤除三种N组分外其余养分含量最高；而对5年生林进行6~8个月的凋落物处理后的土壤各组分N含量最高，但其余养分含量不如上一种处理。

（5）凋落物处理时间、沙地云杉林的林龄和土壤深度对土壤生态化学计量特征有显著的影响，其具体表现为，随着凋落物处理时间的增加，土壤C/N、C/P和N/P呈先上升后下降趋势，其峰值一般出现在处理第6~8个月，这与土壤养分含量的变化趋势相同。30年生林土壤C/N和C/P显著高于5年生林，N/P显著低于5年生林。随着土壤深度的增加，土壤C/N和C/P呈显著下降趋势，土壤N/P无显著变化趋势。30年生林土壤较高的C/N和C/P以及较低的N/P导致其对养分有更强的固持作用，但同时这种化学计量特征会导致土壤养分的有效性和释放速度下降；5年生林化学计量特征与之相反，因而其对土壤养分的固定作用较低，土壤养分有效性高。实施中可以根据需要对凋落物进行人工处理。

（6）土壤pH、土壤温度和土壤湿度均对土壤养分含量有显著的影响，具体影响为，土壤pH与土壤$NaOH-P_i$以外的各组分土壤养分含量呈显著负相关，即土壤pH越高越不利于土壤养分含量的积累，因而在生产中可以通过人工调节土壤pH的方式对土壤养分含量进行干预。土壤温度和土壤湿度是影响绝大部分土壤养分含量的重要因素，土壤温度和湿度越高，土壤TOC、TN、铵态N、硝态N、TP、总有机P、$Na_2CO_3-P_o$、$NaOH-P_o$、总无机P、H_2O-P_i、$Na_2CO_3-P_i$、速效K含量越高。

（7）凋落物C和K含量以及凋落物C/N和C/P与土壤各养分含量呈显著负相关。而凋落物N、P和分解速率与土壤养分含量呈显著正相关。说明不同林龄沙地云杉林土壤养分差异主要是由于凋落物生态化学计量特征的差异，导致凋落物向土壤中的养分释放过程产生了差异所导致的。

（8）磷酸酶和蔗糖酶随土层加深呈降低趋势，而植酸酶和脲酶无显著变化；对30年生林进行12个月的凋落物处理后土壤磷酸酶活性最高，蔗糖酶活性最高值出现在5年生林凋落物处理第12个月，磷酸酶、蔗糖酶和脲酶活性的最高值分别出现在30年生林、5年生林和40年生林经12个月凋落物处理后的沙地云杉林中，植酸酶活性峰值则在对30年生林进行10个月的凋落物处理。

（9）环境因子对四种酶活性影响不同，其中土壤湿度与土壤磷酸酶、蔗糖酶和植酸酶均呈显著正相关，土壤温度与磷酸酶和植酸酶显著正相关，土壤pH仅与磷酸酶负相关。除植酸酶外，其余土壤酶均与土层厚度显著负相关。四种酶中，仅有磷酸酶与凋落物分解系数显著正相关，植酸酶和脲酶与凋落物C含量显著正相关，植酸酶可显著促进凋落物N元素的分解，磷酸酶则促进凋落物P元素的分解，植酸酶活性与凋落物K含量显著正相关，说明植酸酶一定程度上抑制了凋落物中钾元素的分解。

（10）磷酸酶与土壤各组分C、N、K和大部分P组分含量均呈显著正相关；蔗糖酶活性与土壤TOC不相关，与土壤N、P和K元素含量显著正相关；植酸酶仅与土壤N组分和水提取态无机磷含量显著正相关；而脲酶活性与土壤TOC和速效K显著正相关。